室内设计新视点·新思维·新方法丛书

丛书主编 朱淳　丛书执行主编 闻晓菁

DESIGN OF
INTERIOR LIGHTING

室内照明设计

闻晓菁　朱瑛　编著

U0351751

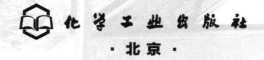
化学工业出版社
·北京·

《室内设计新视点·新思维·新方法丛书》编委会名单

丛书主编：朱　淳

丛书执行主编：闻晓菁

丛书编委（排名不分前后）：王　玥　张天臻　王　纯　王一先　王美玲　周昕涛　陈　悦
　　　　　　　　　　　　　　冯　源　彭　彧　张　毅　徐宇红　朱　瑛　张　琪　张　力
　　　　　　　　　　　　　　邓岱琪

内容提要

　　室内空间质量与采光、照明的形式及质量有着直接的关系。作为室内设计、展示设计等的重要环节，照明设计成为实施设计构想的重要手段。与环境相关的各个设计领域及施工的各个环节均涉及光对室内环境的影响，照明成为室内设计效果呈现最直接的因素，并影响到室内的色彩、造型、空间效果的实现，室内环境的照明设计因此成为不可或缺的专业课程之一。

　　本书以系统的文字描述与图片示范，阐述了室内采光与照明的基础理论、设计方法、教学要求等。书中附有大量优秀设计图例，适用于高等院校相关专业的师生，对各类设计人员也有参考价值。

图书在版编目(CIP)数据

室内照明设计 / 闻晓菁，朱瑛编著. —北京：化学工业出版社，2014.7（2021.2 重印）
（室内设计新视点·新思维·新方法丛书 / 朱淳丛书主编）
ISBN 978-7-122-20520-9

Ⅰ.①室… Ⅱ.①闻… ②朱… Ⅲ.①室内照明—照明设计 Ⅳ.①TU113.6

中国版本图书馆CIP数据核字(2014)第083332号

责任编辑：徐　娟　邹　宁　　　　　　　　　　　装帧设计：闻晓菁
　　　　　　　　　　　　　　　　　　　　　　　封面设计：邓岱琪

出版发行：化学工业出版社（北京市东城区青年湖南街13号　邮政编码100011）
印　　装：北京虎彩文化传播有限公司
889mm×1194mm　1/16　印张10　字数200千字　2021年2月北京第1版第7次印刷

购书咨询：010-64518888　　　　　　　　售后服务：010-64518899
网址：http://www.cip.com.cn
凡购买本书，如有缺损质量问题，本社销售中心负责调换。

定　　价：58.00元　　　　　　　　　　　　　版权所有　违者必究

丛书序

人类对生存环境作主动的改变，是文明进化过程的重要内容。

在创造着各种文明的同时，人类也在以智慧、灵感和坚韧，塑造着赖以栖身的建筑内部空间。这种建筑内部环境的营造内容，已经超出纯粹的建筑和装修的范畴。在这种室内环境的创造过程中，社会、文化、经济、宗教、艺术和技术等无不留下深刻的烙印。因此，室内环境创造的历史，其实上包含着建筑、艺术、装饰、材料和各种营造技术的发展历史，甚至包括社会、文化和经济的历史，几乎涉及到了构筑建筑内部环境的所有要素。

工业革命以后，特别是近百年来，由技术进步带来设计观念的变化，尤其是功能与审美之间关系的变化，是近代艺术与设计历史上最为重要的变革因素，由此引发了多次与艺术和设计有关的改革运动，也促进了人类对自身创造力的重新审视。从19世纪末的"艺术与手工艺运动"（Arts & Crafts Movement）所倡导的设计改革，直至今日对设计观念的讨论，包括当今信息时代在室内设计领域中的各种变化，几乎都与观念的变化有关。这个领域内的各种变化：从空间、功能、材料、设备、营造技术到当今各种信息化的设计手段，都是建立在观念改变的基础之上。

回顾一下并不遥远的历史，不难发现：以"艺术与手工艺"运动为开端，建筑师开始加入艺术家的行列，并象对待一幢建筑的外部一样去处理建筑的内部空间；"唯美主义运动"（Aesthetic movement）和"新艺术"运动（Art Nouveau）的建筑师和设计师们以更积极的态度去关注、迎合客户的需要。差不多同一时期（1904年），出生纽约上层社会艾尔西·德·华芙女士（Elsie De Wolfe），将室内装潢（interior decoration）演变成一种职业；同年，美国著名的帕森斯设计学院（Parsons School of Design）的前身，纽约应用美术学校（The New York School of Applied and Fine Arts），则率先开设了"室内装潢"（Interior Decoration）的专业课程，也是这一领域正式迈入艺术殿堂之始。在欧洲，现代主义的先锋设计师与包豪斯的师生们也同样关注这个领域，并以一种极端的方式将其纳入现代设计的范畴之内。

在不同的设计领域的专业化都有了长足进步的前提下，室内设计教育的现代化和专门化则是出现在20世纪的后半叶。"室内设计"（Interior Design）的这一中性的称谓逐渐替代了"室内装潢"（Interior Decoration）的称呼，其名称的改变也预示着这个领域中原本占据主导的艺术或装饰的要素逐渐被技术和功能和其他要素取代了。

时至今日，现代室内设计专业已经不再仅仅用"艺术"或"技术"即能简单地概括了。包括对人的行为、心理的研究；时尚和审美观念的了解；建筑空间类型的改变；对功能与形式新的认识；技术与材料的更新，以及信息化时代不可避免的设计方法与表达手段的更新等一系列的变化，无不在观念上彻底影响了室内设计的教学内容和方式。

由于历史的原因，中国这样一个大国，曾经在相当长的时期内并没有真正意义上的室内设计与教育。改革开放后的经济高速发展，已经对中国的设计教育的进步形成了一种"倒逼"的势态，建筑大国的地位构成了对室内设计人材的巨大的市场需求。2011年3月教育部颁布的《学位授予和人才培养学科目录》首次将设计学由原来的二级学科目录列为一级学科目录正是反映了这种日益增长的需求。关键是我们的设计教育是否能为这样一个庞大的市场提供合格的人才；室内设计教学能否跟上日新月异的变化？

本丛书的编纂正是基于这样一个前提之下。与以往类似的设计专业教材最大的区别在于：以往图书的着眼点大多基于以"环境艺术设计"这样一个大的范围，选择一些通用性强，普遍适用不同层次的课程，而忽略各不同专业方向的课程特点，因而造成图书雷同，缺乏针对性。本丛书特别注重环境设计学科下室内设计专业方向在专业教学上的特点；同时更兼顾到同一专业方向下，各课程之间知识的系统性和教学的合理衔接，因而形成有针对性的教材体系。

在丛书内容的选择上，以中国各大艺术与设计院校室内设计专业的课程设置为主要依据，并参照国外著名设计院校相关专业的教学及课程设置方案后确定。同时，在内容的设置上也充分考虑到专业领域内的最新发展，并兼顾社会的需求。本丛书涵盖了室内设计专业教学的大部分课程，并形成了相对完整的知识体系和循序渐进的教学梯度，能够适应大多数高校相关专业的教学。

本丛书在编纂上以课程教学过程为主导，以文字论述该课程的完整内容，同时突出课程的知识重点及专业的系统性，并在编排上辅以大量的示范图例、实际案例、参考图表及最新优秀作品鉴赏等内容。本丛书满足了各高等院校环境设计学科及室内设计专业教学的需求；同时也期望对众多的设计从业人员、初学者及设计爱好者有启发和参考作用。

本丛书的组织和编写得到了化学工业出版社领导和责任编辑的倾力相助。希望我们的共同努力能够为中国设计铺就坚实的基础，并达到更高的专业水准。

任重而道远，谨此纪为自勉。

朱　淳

2014年2月

目录
contents

第1章 人与光环境

1.1 光与视觉

人的眼睛是人们开启智慧的窗户，我们对外部世界的感知大多数是来自于视觉，再通过大脑分析，使人们感知世界的千变万化。

1.1.1 光的概念

光是什么？光时而见时而不见，神秘莫测。

人类可见的光其实是电磁波谱中的一小部分，紫外区域的范围是 $100\sim380nm$，红外区域的范围是从 $780nm\sim1mm$（$1nm=10^{-6}mm$），可见光的范围在 $380\sim780nm$ 之间（表1–1）。通过人眼的视觉辨识系统，来分辨出此范围中不同波长呈现的光色，可见光谱的颜色为紫、蓝、绿、橙和红色，它们组合在一起就表现成白色光（图1–1）。

1.1.2 人的视觉

（1）视觉体验

人的视觉体验是人的眼睛和大脑的结合产生的结果。我们的眼睛从感受光开始产生视觉，如同照相机的成像原理，会随着周围环境亮度的变化，通过瞳孔和虹膜上的开口自动调节来放大或缩小，控制进入光线的数量，最后映射在视网膜上。汇集在视网膜上的影像通过视神经传递到大脑，经过大脑的分析和译码，最终成为人眼中所看到的图像，这就是人们视觉体验的一个过程（图1–2）。

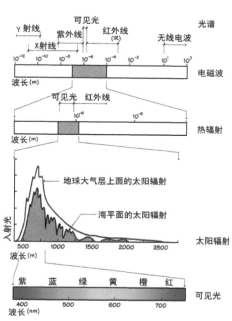

图1–1 可见光范围

描述	波长范围
紫外辐射–C（UV–C）	$100\sim280nm$
紫外辐射–B（UV–B）	$280\sim315nm$
紫外辐射–A（UV–A）	$315\sim380nm$
可见光	$380\sim780nm$
红外辐射A（IR–A）	$780\sim1400nm$
红外辐射B（IR–B）	$1.4\sim3\mu m$
红外辐射C（IR–C）	$3\mu m\sim1mm$

表1–1 可见光范围

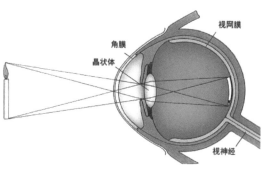

图1–2 视觉成像原理

当然，人们对环境的变化的感受大多是主观色彩的，眼睛只是完成了信息收集的工作，通过大脑会对信息进行过滤、整理以及对信息进行排序，在这个过程中，能引起人们兴趣的信息会被继续关注，其他零散的信息会被忽略、过滤掉，所以一个舒适完美的视觉环境的关键是能够提供一个没有视觉噪声（解释）的视觉信息。这也是人类生存下来的本能，我们的感官使我们纵横世界，形成人类的视觉语言，潜移默化地存在我们的感觉中。

（2）视野

视野是指人的眼睛观察对象时视锥开角的大小，也就是当人的眼睛注视前方，头部保持不动，所看到的范围为静视野，而人的眼球自由转动看到的全部范围称为动视野。视野还可以分为单眼视野和双眼视野。

根据观察对象的大小和颜色，人的视野会跟着改变。人类的视网膜中央窝（图1-3）是感光细胞高度集中的区域，提供细部颜色与辨色力，一般对物体聚焦仅在中央窝成像，即中央窝视觉，位于视野中央约2°的极小区域，故眼睛需不停移动，以便对焦于不同细部。

视野的范围涵盖左、右共180°，双眼平面重叠的区域为120°，垂直向上60°，向下70°是最有效的视力范围（图1-4）。在中央30°视角内，可提供清晰的视觉影像和色彩信息，越往视野周边越不精确，周边视觉仅维持一般方向感与空间动态活动的观察。

图1-3　人眼结构

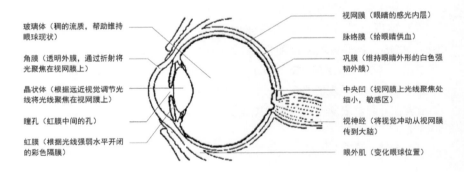

玻璃体（稠的流质，帮助维持眼球现状）

角膜（透明外膜，通过折射将光聚焦在视网膜上）

晶状体（根据远近视觉调节光线将光线聚焦在视网膜上）

瞳孔（虹膜中间的孔）

虹膜（根据光线强弱水平开闭的彩色隔膜）

视网膜（眼睛的感光内层）

脉络膜（给眼睛供血）

巩膜（维持眼睛外形的白色强韧外膜）

中央凹（视网膜上光线聚焦处细小，敏感区）

视神经（将视觉冲动从视网膜传到大脑）

眼外肌（变化眼球位置）

图1-4　人的视野

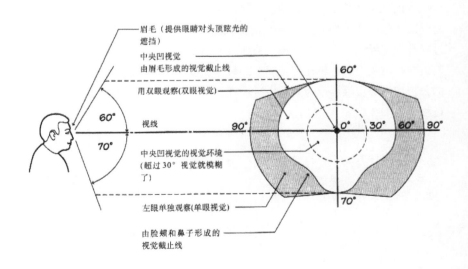

眉毛（提供眼睛对头顶眩光的遮挡）

中央凹视觉

由眉毛形成的视觉截止线

用双眼观察(双眼视觉)

视线

中央凹视觉的视觉环境（超过30°视觉就模糊了）

左眼单独观察(单眼视觉)

由脸颊和鼻子形成的视觉截止线

60°

70°

60°

90°

0°

30°

60°

90°

70°

（3）明视觉

当环境亮度高于大约 3cd/㎡（光亮度单位，1.2.1 中有具体介绍）时，视觉系统主要是由锥状细胞在起作用，视网膜中央小窝处可以感受到色彩和物体的细部，其最敏感的波长是黄绿波长。这是明视觉的条件，此时的视觉适应为明适应。

（4）暗视觉

当环境亮度低于 0.01cd/㎡时，主要是由杆状细胞起作用，视杆细胞在低照度水平下工作，最敏感的是蓝绿波长。这是暗视觉的条件，此时的视觉适应为暗适觉。

（5）中间视觉

中间视觉发生于明暗视觉之间，视觉系统的锥状和杆状细胞同时起作用，当环境亮度趋向于中间视觉范围时，中央窝对光谱的感受能力逐渐降低，相反，趋向暗数据时，边缘的杆状细胞开始起作用，颜色视觉逐渐消失，光谱的敏感性向短波方向偏移。

不同的视觉条件关系到照明设计的不同，暗视觉与室内照明关系不大，几乎所有的照明条件都处于中间视觉条件以上（图 1-5）。

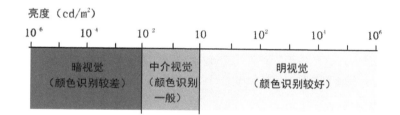

图 1-5　中间视觉

1.1.3　光的特性

自然界的万物都在光线的作用下呈现，而光的特性取决于被照物体的本身的特性。光与物体的互相作用主要通过反射、折射、吸收及透射进行的。

（1）反射

反射无处不在，没有物体的反射，人们什么也看不到。反射分为镜面反射、扩散反射和漫反射。

镜面反射的物体表面是光亮平滑的，入射光的角度恰好等于反射光的角度，如抛光的大理石或镜子。镜面反射的集中特性容易引起刺眼的眩光。扩散反射是由于物体表面材质细微的不规则而产生的。这个细小的不规则表面是通过蚀刻、捶打或加工成波纹状而形成的。反射光朝一个方向扩散，聚集在镜面角上，模糊成一个圆锥形。

漫反射是由不光滑物体表面造成的，如石膏或者包色墙面，漫反射的光线没有方向性，呈发射状，均匀地向各个方向上反射，使光线效果柔和。大多数的材质表面会呈现综合的反射特性（图 1-6）。了解光与材质的互相作用，有助于设计师对空间照明分布的设计。

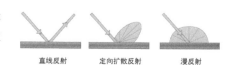

图 1-6　光的反射

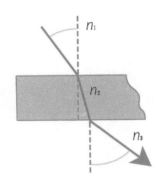

图 1-7　光的折射

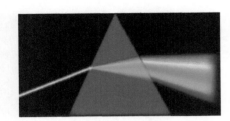

图 1-8　棱镜折射

图 1-9　光的透射

反射比是指反射光的能量与入射光的能量之比，称为该物体的反射比，余下的入射光被吸收或透射，或是两者都有。表 1-2 是各种表面材质的典型反射比值，不同的反射比的材质要显现同等的亮度，必须给他们不同的照度。

（2）折射

折射是当光从折射率为 n_1 的介质进入到不同光学密度的介质时，如空气到玻璃，光速会发生变化，光的方向发生改变（图 1-7）。偏离的程度与两种介质的折射率有关。在生活中，雨后的彩虹就是光的透射现象，阳光在不同折射率的大气中发生折射而形成。

小知识：玻璃棱镜

当光线穿过玻璃棱镜时，白光会由于折射而分成七色光，长波长的光其弯折程度要小于短波长的光（图 1-8）。所以，折射会使观察的景象变形。折射的材料有时候用作薄膜，可应用于各种反射表面中。

（3）透射

透射是指光线穿过某透光材质后继续产生的辐射现象。透光材质的透光率的大小决定了光线会被吸收多少。根据材质的构成，透射也分为直线透射、扩散透射和漫透射三种（图 1-9）。直线透射式指透射方向没有改变，透射角度和入射角度一致。受材质吸收光线的影响，透射光通常低于入射光通量。全透明玻璃便可产生这样的透射效果。扩散透射是指光线通过如压花玻璃等类此材质，透射光会产生扩散，方向大体一致。漫透射的光向各个方向透射，在空间中形成了漫射光，类似于光线通过磨砂玻璃。

材料	反射比 /%	材料	反射比 /%
金属		**玻璃**	
铝，拉毛的	55~58	彩色或透明的	5~10
铝，蚀刻的	70~58	反光的	20~30
铝，抛光的	60~70	**地面覆盖物**	
不锈钢	50~60	沥青	5~10
锡	67~72	混凝土	40
		草地和其他植被	5~30
砖石		雪	60~75
水泥，灰色	20~30	**绘画**	
花岗石	20~25	白色	70~90
石灰石	35~60	白色搪瓷	60~83
大理石，抛光	30~70	**木料**	
石膏，白色	90~92	轻桦木	35~50
砂岩	20~40	桃花心木	6~12
砖，深黄色	35~40	橡木，深色	10~15
砖，深黄色	40~45	橡木，浅色	25~35
砖，红色	10~20	胡桃木	5~10

表 1-2　各种典型材质的典型反射比值

（4）吸收

吸收是前几个光特性都会产生的现象，当光线通过任何一种介质时，一部分被反射，一部分被透射，另一部分则被吸收。通常表面颜色比较深会吸收更多的光（表1-3，表1-4）。

材料	透光率 /%
透明玻璃	90~92
棱形花纹玻璃	70~90
乳白玻璃	40~60

表 1-3　一些材料的透光率

1.2　光与色彩

光与色的关系永远是互相依存的。大千世界，充满生机的宇宙万物充斥着缤纷的色彩，直戳人们的视觉神经。人类的颜色知觉不仅与物体本来的颜色特性有关，还受到时间、空间、外表状态以及该物体周围环境的影响。如餐厅的环境设计，如果照明设计的光色使用不得当，就会影响佳肴的色香味，并且影响到就餐人的心理，引起食欲下降，对食物的产生厌恶感。所以，光色对人们的视觉环境、视觉心理会产生极其重要的影响。

材料	吸收率 /%
透明玻璃	2~4
棱形花纹玻璃	5~10
乳白玻璃	10~20

表 1-4　一些材料的吸收率

1.2.1　光与色的基本概念

光色分为两种：一种是光源本身的颜色，也就是光源色；另一种是经过灯光照射后、被吸收、反射、折射或透射后的物体所呈现的颜色也就是物体色。其中物体色又包含了两个概念：固有色和表现色。例如：印象派和写实派的绘画风格，明显地表达了不同风格的艺术家表现的表现色和固有色。再例如平时我们在服装店挑选衣服的时候，人们就会特别在意照明对衣服面料颜色的影响，这就是表现色和固有色的比较，也是室内商业空间照明设计中值得注意的地方。

1.2.2　色温

在照明应用中，色温是专门用来量度和计算光线的颜色成分的方法，一般用 T_c 表示。色温通常用开尔文温度（K）来表示，其表达了"暖"和"冷"的程度。如物体加热时会慢慢泛红光，温度加高，最后变成白色。色温并不代表光谱能量分布或者实际的物理温度。图1-10中的数据，表示了电光源和昼光的色温值。

图 1-10　电光源与昼光的色温值

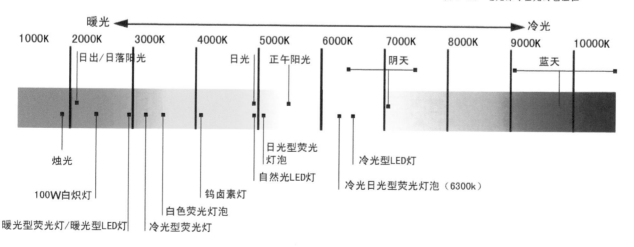

1.2.3　显色性

显色性是指光照射到物体上所产生的客观效果。彩色物体的表观会受到环境中的各种因素的影响，其中最主要的就是光源。如前面所提到买衣服的时候，把衣服拿到太阳光下，颜色和店里会有所不同。所以两个光源辐射出相同的光色，被照物体的颜色并不一定相同，因为物体的颜色表现不只与光的颜色有关，还和光谱分布有关。光源中包含越多的光谱色，其显色性能越好，但光效会差一些，如低压钠灯，光效高，而显色比较差，所有被低压钠灯照射的物体都呈现黄色和灰色。当然，还有另外因素会影响到颜色的显现，如人眼的颜色适应、周边颜色和光的强度等。因此，光源的颜色包含了光源色表的颜色和光源的显色能力，而这种显色能力的参数用显色指数（CRI）表示。

显色指数用来衡量光源表达颜色的优劣程度。CIE(国际照明委员会)使用 14 种色彩（表 1-5）用于计算显色指数。一般显色指数用 Ra 表示，一般荧光灯的显色指数为 60~90，大多数室内照明环境显色指数都被要求在 70 以上。

表 1-5　定义光源显色性的标准色样

测试色样					
R1	浅灰红色		R5	青绿色	
R2	芥末色		R6	天蓝色	
R3	黄绿色		R7	紫色	
R4	淡绿色		R8	淡紫色	
补充色样					
R9	红色		R12	蓝色	
R10	黄色		R13	肤色	
R11	绿色		R14	叶绿色	

1.2.4　光色与心理

光与色是影响人类心理的因素之一，其中包括三方面：人对光的需求、光认知的作用和光对人的情绪影响。

（1）人对光的需求

在心理学中，把需求解释为"人体内不平衡而引起的一种心理倾向"。人不仅需要有生理上的平衡，更需要有精神上的层次。需要环境、感情等诸多方面的的条件。并且每个人的需求都有所不同，比如说办公环境，有的人喜欢身处柔和的光线，明亮的色彩当中工作，有的人则享受一个人的工作环境，喜欢安静冷色调的工作环境，有的人则是在一个特定的时间，特定的场所中，工作的效率特别高。

（2）光对人的认知作用

无论什么场所，人都会利用场所中的视觉信息，认识这个场所，并且在这个场所中进行实践活动，人的认知过程是从感觉和知觉开始的。感觉是人类对事物属性的反映。人的感觉主要有五种类型：视觉、听觉、嗅觉、皮肤觉。其中视觉获得的信息量最多，大约占80%。所以在一个空间中，人第一眼看到的就会影响人对这个空间的判断，是否舒适是否合适自己，而光与色彩正是会影响人类判断的重要方面。例如人身处在暖色的空间中会感觉温暖，因为人们总是把红、橙、黄色长期与炽热的太阳联系在一起，在光谱分析中，红色波长较长，会给人有温暖的感觉。相反，在冷色的空间中会给人冷静或是阴冷的感觉。并且，通过人的眼睛在同一距离观察不同波长的色彩时发现，波长长的暖色如红、黄等色，在视网膜上形成内侧映像；波长短的冷色如蓝、紫等色，则在视网膜上形成外侧映像。所以，很多人有"暖色向前，冷色后退"的看法。通常对比度强的色彩具有前进感，对比度弱的色彩具有后退感，纯度高的色彩具有前进感，纯度低的颜色具有后退感，这也是跟人的认知度有关，形成距离错视原理，这也是设计师们在室内照明设计中值得注意的，在室内设计中可用灯光和色彩来增加或改变空间的层次感。

（3）光对人的情绪影响

情绪是人的心理活动的重要方面，它也是随着人的认知过程而产生的，是人对客观事物与人的需要之间关系的反映，是人受到某种刺激时产生的一种身心的激动状态。由于人的需要和情绪是相联系的，当人的生理需要得到满足时，会产生积极的情绪，反之则会产生消极的情绪。光和色是改变人的情绪因素之一，其既可以激发人的积极情绪，也可以引起人的消极情绪。人的情绪会随着光的亮度、色彩、对比度的变化而产生波动。柔和的光线，会使人情绪放松；明亮的光线会使人情绪高涨，使人充满活力；暖色的空间让人感到温馨。如果我们进入一个鲜艳的红色房间，必定会神经紧张，让人警惕起来。相反，黯淡的光线会刺激人的褪黑激素升高，使人情绪冷静下来，缓和紧张感。

1.3　光与空间的感知

这里所说的"空间"是指人对建筑等空间环境的感知结果。而这种空间的感知往往关系到建筑或室内设计的效果与目的。光与空间感知的关系，如同人与空气的关系一样，没有光也就感觉不到空间的存在，感受不到空间的大小、形状或是颜色。同时，光的强弱也会改变人对空间的感受，光虽然不能直接改变空间的本身，但会给人视错觉，改变人对空间的感觉，这正是光的基本使用价值之外的作用。如图1-11与图1-12相比，图1-11光源的照度相对较高，明显比图1-12的室内空间显得更敞亮，空间更大。

在室内照明设计中，利用光的特性，通过对光的再塑造，比如改变光源的强弱、位置、照射角等，来有效地改善和提升空间的质量，甚至使同样的空间变换出不同的形态来适合不同的功能（图1-13）。

关注：

不同的文化背景、地域差别、年龄大小以及个性差异等，都会影响人对光与色的感知力的不同，以上我们对光色与心理的探讨是从研究群体共性的角度，总结对光色对人的心理影响的一般规律。

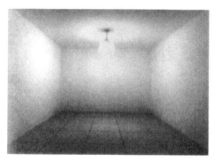

图1-11、图1-12　不同照度空间对比

图 1-13 通过不同的灯光颜色勾勒出了酒吧的空间感，并且渲染出空间的神秘感

1.3.1 光对室内材质的影响

在光与空间感知的关系中，室内材质如同建筑的外表的皮肤或衣裳，通过光的作用，一定程度上可以影响到对空间形态的认知，或增添了光的表现形式。前面在 1.1.3 中描述了光的折射、透射、反射等性质，而这些性质都是光通过不同材质所反映出的变化。在室内照明设计中，材质的效果就是光对空间形态的一种表现形式，合适的照明为空间增添不同层次与乐趣。作为专业设计师，首先就要了解室内不同材质的特性、纹理、凹凸程度，了解其对光的传播影响。这样才能掌握材质照明对空间感知的影响及表现效果（图1-14、图 1-15）。

图 1-14　天花板上的多角度的射灯不仅凸显了凹凸的砖墙，增添了该空间的私密及朦胧感

图1-15　通过垂吊的聚光灯打亮了墙面装饰的纹理，充分展现了其毛绒材质的轻盈感

1.3.2　光对室内功能的影响

在光与室内空间的关系中，光是室内空间功能得以体现的前提，没有光的环境，人们就不能工作、学习、正常生活。室内照明设计的首要价值就是实现室内的空间功能，通过对室内空间的各种功能分析，对不同的功能空间进行适宜的布光及照度设置才能使人们处于一个良好的视觉环境。如图1-16中，通过不同寻常的绿色和紫色灯光划分了不同的室内功能区域，为人们打造了一个独特的视觉体验。图1-17运用了光源照度的大小，区分了展览展品的区域，同时突显了展品高低起伏的层次。图1-18中，充分利用了光塑造形体空间感的功能，通过展台上方的投光灯，展现了佛像的立体感及其庄重肃穆的体态。

图 1-16 运用了光源照度的大小，区分了
展览展品的区域，同时突显了展品高低起
伏的层次

图 1-17　通过不同寻常的绿色和紫色灯光
划分了不同的室内功能区域，为人们打造
了一个独特的视觉体验

图 1-18　充分利用了光塑造形体空间感的功能，通过展台上方的投光灯，展现了佛像的立体感及其庄重肃穆的体态

1.3.3　光对室内艺术效果的影响

在光与室内空间的关系中，光是室内艺术效果得以体现的手段，照明的不同效果会影响人的情绪，增添环境的感染力和趣味，从而创造出与室内空间功能相匹配的空间艺术效果。高质量的光环境，不仅能使人心情舒畅，并且提高了室内空间设计的艺术美感，营造出和谐氛围和隽永的意境。如图 1-19 中，在餐厅的走廊的墙面装上了不规则紫色的照明带，紫色成为了这深色调色板上的一抹颜色，为原本平淡无奇的走廊空间增添了一丝情趣。图 1-20 中，灯具与墙面融合，光与平面设计的结合，创造了一个清新且有趣的用餐环境。除了光本身具有的装饰性及渲染艺术氛围外，它更高的境界是提升空间的精神感染力，特别是在宗教空间，如安藤忠雄的光之教堂（图 1-21），光透过墙上十字空隙照亮了混凝土墙的边缘，发出了耀眼的光芒，将原本平淡无奇的混凝土空间充满了神圣感，光线映射在墙地面上，通过材质的折反射效果，渲染出了室内空间的庄严与肃静。世界闻名的 Luminaria 超级充气雕塑（图 1-22）通过幻化光影让人们游离于子宫和教堂之间，其奇妙的光线和色彩充分体现了光对空间带来的艺术感染力，使人们身临其境。

图 1-19　在餐厅的走廊的墙面装上了不规则紫色的照明带，紫色成为了这深色调色板上的一抹颜色，为原本平淡无奇的走廊空间增添了一丝情趣

图 1-20　灯具与墙面融合，光与平面设计的结合，创造了一个清新且有趣的用餐环境

图 1-21　安藤忠雄光之教堂

图 1-22　Luminaria 雕塑

　　Luminaria 是个巨大的充气装置，由 Architects of Air 的创始人 Alan Parkinson 在 20 世纪 80 年代开始设计 Luminaria，时至今日，Luminaria 已经有 20 多年的历史，并做了超过 500 次的展览，从香港到夏威夷，从台北到特拉维夫，都出现过 Luminaria 的身影。

　　Luminaria 介乎于雕塑与建筑之间，它的内部空间有着让人难以想象的光线和色彩，同时还是一个眼花缭乱的迷宫，有着弯曲的路径，类似伊斯兰建筑的圆顶和类似哥特建筑的尖顶。Luminaria 由原始的模块化单元组合而成，可以根据场地进行不同的配置，面积常常达到 1000m²。4h 左右可以非常容易的架设，搭建，锚固起来，然后在短短的 20min 内充满气。最高处可以达 10m，弯曲的隧道之中至少有30 个"豆荚"空间供人休息。

思考延伸：

1.光的基本特性有哪些？

2.光与色对人的心理有哪些影响？

3.光对室内产生哪些影响？

第 2 章　室内照明光源

随着人类文明的进步，人类照明光源从太阳到火把，从火把到油灯，从油灯到蜡烛，直到19世纪末，电光源走进人们的生活,改变了人类的生活方式。而如今人们对于照明光源有了更多的选择。本章主要介绍光源的基本属性及种类，分析光源的形式与应用。

2.1　光源特性

光源决定了室内的视觉环境，甚至一定程度上影响了人类的生活方式与节奏。光源分为两大类，一类是来自大自然的光源，它只有一种，就是太阳，称自然光；另一类就是本章主要介绍的人造光源，大部分属于电光源，即各种类型的照明光源。电光源开始于爱迪生18世纪80年代发明的白炽灯泡，之后整个世界的作息时间发生了质的变化，黑夜不再是人们恐惧的对象。电灯照亮了房间的深处，也使建筑在夜晚披上耀眼的外衣。

光源包含了光色特性、电气特性、机械特性、经济特性等，以下是必须要了解和掌握的光源基本特性。

2.1.1　光通量

光通量（Luminous Flux，符号 Φ ）是指单位时间内的光流量，单位为流明（lm）（图 2-1）。光的流量是指光源所产生的总的光能。光源所提供的流明量一般直接印刷在灯上。

图 2-1　光通量定义

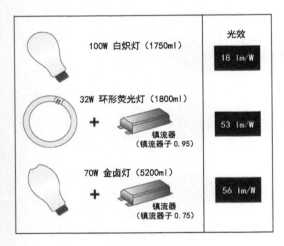

	光效
100W 白炽灯（1750ml）	18 lm/W
32W 环形荧光灯（1800ml） + 镇流器（镇流器子 0.95）	53 lm/W
70W 金卤灯（5200ml） + 镇流器（镇流器子 0.75）	56 lm/W

图 2-2　发光效率

在照明计算中，光通量 Φ 是用来衡量光源发光能力的基本量。电功率 P 表示光源消耗电能的快慢，单位为瓦特（W）。相同电功率的光源在同一时间内消耗的电能是相等的，但辐射出的光通量往往相差甚远。例如 50W 白炽灯的光通量在 1200lm 左右，50W 荧光灯大概在 2100lm 左右。电光源所发出的光通量 Φ 与消耗电功率 P 的比值称为该电光源的发光效率 η（简称"光效"），单位为流明 / 瓦（lm/W），也就是每瓦电力所发出的量，其数值越高光源的效率越高（图 2-2）。根据定义，其公式为：

$$\eta = \Phi / P$$

一般发光效率是指光源和照明系统的整体部分，在计算发光效率的同时应该将镇流器（在 3.1.1 中有具体介绍）的功率消耗考虑进去。

2.1.2　发光强度

光源的发光强度（Luminous intensity，符号 I）是指光通量在某个指定向上发出的能量，单位为坎德拉（cd），简称光强。根据定义，其公式为：

$$I_\theta = \Phi / \omega$$

式中，I 为 θ（角度）方向上的光强，cd；Φ 为光通量，lm；ω 为立体角（单位球面度，符号 sr）。一般光源在不同的方向，其测得的光强不一样。光强的强弱表明了发光体在空间发射的汇聚能力，简单来说发光强度就是用来描述光源到底有多亮。光强通常以光强分布曲线（见 2.1.3）来表示，图 2-3 表示了白炽灯从源点引出的各个方向上的发光强度。

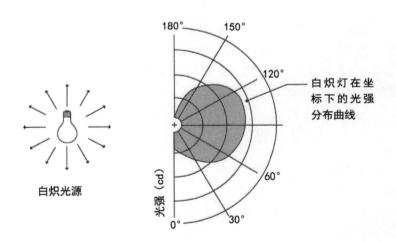

图 2-3　发光强度

2.1.3　光强分布曲线

光强分布曲线也称配光曲线，它是显示光源和照明灯具产生的光输出。光源和灯具在空间的各个的光强都不一样，用数字和极坐标图形来表示光在空间中的相对分布，形成配光曲线，如图 2-4、图 2-5 所示。

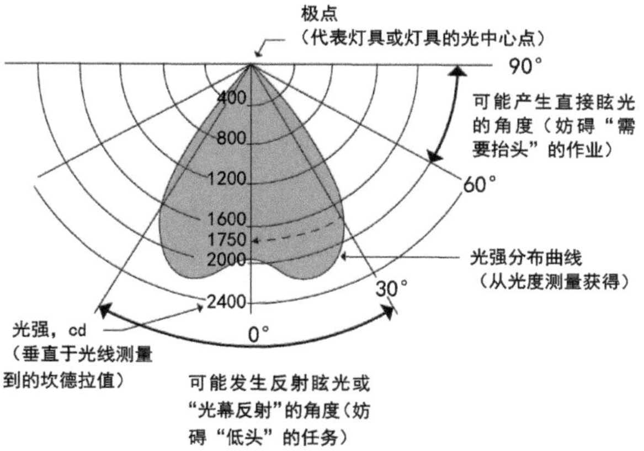

极点
（代表灯具或灯具的光中心点）
90°
可能产生直接眩光的角度（妨碍"需要抬头"的作业）
60°
400
800
1200
1600
1750
2000
2400
光强分布曲线（从光度测量获得）
30°
0°
光强，cd（垂直于光线测量到的坎德拉值）
可能发生反射眩光或"光幕反射"的角度（妨碍"低头"的任务）

图 2-4　配光曲线

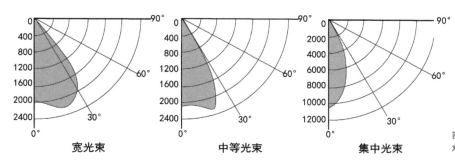

宽光束
中等光束
集中光束

图 2-5　当光输出对于最低点角度（0°）对称时，一般只显示光强分布曲线的一半

2.1.4　照度

照度（Illumination，符号 E）即光照强度，是指投射在物体表面单位面积上的光通量，单位为勒克斯（Lux，简写 lx）。根据定义，其公式为：

$$E=\Phi/A$$

式中，E 为受照面的照度（lx）；Φ 表示受照面所受的光通量（lm）；A 表示受照面的面积（㎡）。

在米制系统中，照度单位是流明每平方米（lm/㎡，即 1 勒克斯是 1 流明的光通量均匀照射在 1 平方米面积上所产生的照度），另一种单位称"英尺烛光"（fc）（1 英尺烛光是 1 流明的光通量均匀照射在 1 平方英尺面积上所产生的照度），两者的换算关系：1fc=10.76lx。照度是客观存在的物理量，人是无法直接感受的。

2.1.5　亮度

亮度（luminance，符号 L）是指发光或受光体单位面积上发出或反射出的光强，单位为坎德拉 / 平方米（cd/㎡）。它与人的观测方向有关，并且直接影响人的主观感受。物理的反射率越大，被照物体的亮度会越高。图 2-6 是亮度的定义。

在室内环境当中，由于室内表面的反射特性不同，人们的观察角度不同，

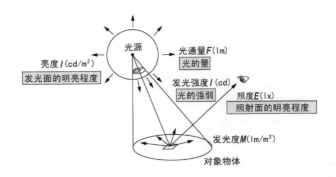

图 2-6　亮度定义

所以被照物体表面的亮度就不同，所以亮度还分为物理亮度和视觉亮度。物理亮度也就是用亮度计测得的亮度；视觉亮度是指人的主观亮度，就是人对被照物体表面亮度的视觉感受。视觉亮度主要与亮度分布、亮度对比有关，也就是受到人眼适应亮度的影响，我们通常可以使用亮度计对空间进行测试，评估视觉环境。

2.1.6　光源寿命

光源的寿命是生产厂商给光源的一个性能指标，方便客户挑选。一般光源的寿命分为全寿命、有效寿命及平均寿命。全寿命是指光源从最初开始点燃到不能再启动的时间总和。有效寿命是指光源的总光通量下降到初始值的 70% 后总共点燃的时间。而平均寿命指的是同一批灯在额定电源电压和实验条件下点燃，并且每启动一次至少点燃 10h，至少有 50% 的灯能继续点燃时的累积点燃小时。气体放电灯一般比白炽灯寿命长，白炽灯标称寿命 750h，紧凑型荧光灯标称寿命 10000h，但对于气体放电光源的灯来说，过多的开关次数将会影响其平均寿命（图 2-7）。

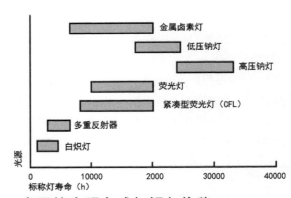

图 2-7　光源寿命表

2.1.7　光源的流明衰减与颜色偏移

在光源的寿命周期内，流明的输出会逐渐衰减。它的衰减是由于灯泡壁变黑、荧光粉消耗、灯丝老化等因素造成的灯泡光输出的自然衰减，灯的流明衰减（LLD）效应对气体放电灯尤为明显。如在寿命 70% 时，一个标准白炽灯仍能输出初始灯流明的 90%，而荧光灯可能只能提供初始输出流明的 80%。

在不同电压和温度下，一个灯辐射出的颜色可能会极大的偏移。白炽灯当调光时在低压下倾向于减少蓝色调。气体放电灯也会受调光影响，当预热至稳定发光的那几分钟内产生如日出的颜色变化。一般超过寿命时，灯的光色会有极大的变化，金卤灯在寿命终结前贴别容易颜色偏移，当颜色偏移得令人不愉快时，灯的寿命也就结束了。

2.2　光源种类

2.2.1　家族树

从白炽灯被发明到至今，人类凭借着聪明才智已经创造了三大种类的光源：热辐射发光电光源、气体放电发光电光源、电致发光电光源（图2-8）。

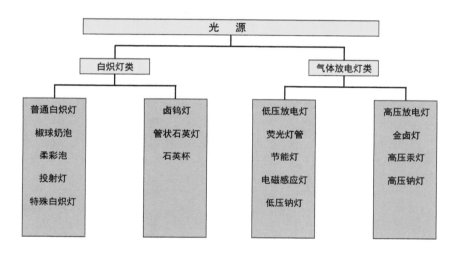

图2-8　光源家族树

2.2.2　热辐射发光光源

热辐射发光光源主要是利用电流流经导电物体，使之在高温下辐射光能的光源。热辐射光源有白炽灯和卤素灯（图2-9）。

图2-9　白炽灯（左）、卤素灯（右）

2.2.3　气体放电发光电光源

气体放电灯主要是利用电流通过气体发射光的光源，分为高压气体电光源、低压气体电光源以及辉光发光电光源。其具有发光效率高、寿命长和使用范围广等有优势。

（1）低压气体电光源

低压气体电光源主要有荧光灯、紧凑型荧光灯以及低压钠灯（图2-10）。

图2-10　荧光灯（左）、紧凑型荧光灯（中）以及低压钠灯（右）

（2）高压气体电光源

高压气体电光源主要有金卤灯、高压钠灯和高压汞灯（图2-11）。

（3）辉光发光电光源

辉光发光电光源指的是冷阴极管发光光源，此类光源是由正辉光放电柱产生光。霓虹灯也属于冷阴极辉光放电光源。霓虹灯使用直径比冷阴极光源

图2-11　金卤灯（左）、高压钠灯（中）以及高压汞灯（右）

图 2-12 辉光发光电光源

细的灯管。此类光源通常需要很高的电压，耗能较大，成本高，一般为特殊工作而定制，室内照明中用的比较少，但辉光发光电光源是气体放电灯中唯一可以调光色的灯。图 2-12 为辉光发光电光源。

2.2.4 电致发光电光源

电致发光光源是指在电场作用下，使固体物质发光的光源。它将电能直接转变为光能，包括场致发光光源和发光二极管（LED）两种。图 2-13 为 LED 软灯带。

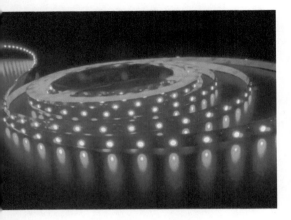

图 2-13 LED 软灯带

2.3 室内照明常用光源

2.3.1 光源标准和能效标准

光源标准规定了光源的技术性能要求、实验方法、能效标准等。表 2-1 列出了部分国家或行业对光源制定的标准，以便设计师查阅。

（1）白炽灯的基本元件

白炽光是指物体受热而激发产生的可见光电磁辐射。火光就是通过燃烧产生的白炽光。白炽灯是由电流通过钨丝，加热灯丝后散发可见射线产生光。

白炽灯的基本元件包括泡壳、灯头和灯丝。泡壳的作用就是保护灯丝，使灯丝与外界空气隔绝，避免因氧化而烧毁。一般是由耐高温的硬玻璃制成，

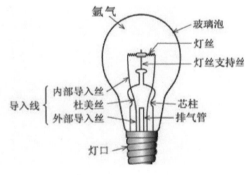

图 2-14 典型白炽灯结构

表 2-1 有关光源的部分国家或行业标准

序号	标准名称	标准编号
1	电光源产品的分类和型号命名方法	QB 2274 — 1996
2	灯头、灯座的型号命名方法	QB 2218 — 1996
3	镇流器型号的命名方法	QB 2275 — 1996
4	卤钨灯（非机动车辆用）性能要求	GB/T 14094 — 2005
5	家庭和类似场合普通照明用钨丝灯性能要求	GB/T 10681 — 2004
6	双端荧光灯性能要求	GB/T 10682 — 2002
7	普通照明用双端荧光灯能效限定值及能效等级	GB 19043 — 2003
8	单端荧光灯性能要求	GB/T 17262 — 2002
9	单端荧光灯能效限定值及节能评价值	GB 19415 — 2003
10	普通照明用自镇流荧光灯性能要求	GB/T 17263 — 2002
11	普通照明用自镇流荧光灯能效限定值及能效等级	GB 19044 — 2003
12	单端金属卤化物灯（175~1500W 钪钠系列）	GB 18661 — 2002
13	金属卤化物灯能效限定值及能效等级	GB 20054 — 2006
14	高压钠灯	GB/T 13259 — 2005
15	高压钠灯能效限定值及能效等级	GB 19573 — 2004

典型的白炽灯结构如图 2-14 所示。为了减少灯丝快速蒸发，并且提高灯丝的工作温度和发光效率，必须在灯壳中充入惰性气体，如氩氮混合气体等。根据不同的应用，灯壳玻璃可以被制成磨砂、带颜色或是有选择透过玻璃的滤光层，也可以有反射或是焦距元件（图 2-15）。

图 2-15　传统白炽灯

一般白炽灯的灯丝采用钨丝发光，灯丝的形状根据灯的发光分布来变化，典型的灯丝有直的、螺旋形或双螺旋形。灯丝的形状和尺寸直接影响灯的寿命、光效和光利用率，双螺旋灯丝的白炽灯具有更高的光效。白炽灯的灯芯由铅玻璃制成，具有很好的绝缘性。导电线有内导线、杜美丝和外导线三部分组成。灯头的形状主要螺口式灯头、插口式灯头、聚焦式和各种特种灯头，通过灯头，把白炽灯固定在灯座上，让电流通过灯丝。

（2）白炽灯的种类

① GLS 灯（General Lighting Service Lamps）。GLS 灯是最常见最常用的标准型白炽灯的简称。灯的泡壳有透明玻璃、乳白还有磨砂的。常用的灯泡类型有 A、SB、G、S、T，其根据灯泡的不同形状来命名（图 2-16）。

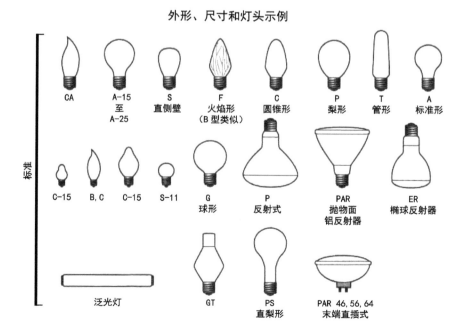

图 2-16　GLS 灯的类型

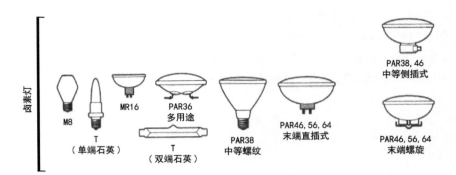

图 2-17 卤钨灯的形状

②卤钨灯。灯泡的填充气体含有部分卤族元素或卤化物的充气为卤钨灯。卤族元素的参与消除了普通钨丝白炽灯灯泡黑化，并且缓解了钨的蒸发，同时提高了光效、延长使用寿命。

卤钨灯有很多类型，通常分为高压和低压型。高压型一般功率为 100~2000W。灯管直径为 8~10mm，长度为 80~330mm，主要用于室内外泛光照明。低压型卤钨灯的代表是 MR 型卤钨灯和 PAR 灯（图 2-17），同时它们也是内置反射器的白炽灯。

MR 型卤钨灯，也就是常见的灯杯、灯泡和反射镜封在一起，也是反射型白炽灯。MR 型灯工作在低电压下（6V/12V/24V），功率为 10~75W，标准低压白炽灯包括 PAR36 和各式各样额微型灯。低压卤钨灯比普通卤钨灯光强更大、颜色更鲜艳，MR 灯小而亮，有一个集成的反射器带有二向色涂层能将大多数热量向后反射，而可见光被精确聚焦。也有铝制 MR 灯将光和热同时向前发射，以减少对基座的热压力从而延长寿命。MR 灯光束角从 4°~32°，直径从 0.5~2in（1in=2.54cm），常用的有 MR11/35W、MR16/50W 等。

PAR 灯 (Parabolic Aluminum Reflector light)，亦称筒灯，有聚光和泛光型两类，光速角为 5°~60°。PAR 灯的前透镜可以做成彩色的，常用颜色有红、黄、蓝、绿和琥珀色。由于 PAR 灯聚光性强，光利用率高，所以与同功率的白炽灯相比照度更高。常用的有 PAR38/12W、PAR56/300W 等（图 2-18）。

（3）白炽灯的工作特性

普通的色温是定量的，约为 2800K。白炽灯光色偏黄，人造光源当中白炽灯是显色性最好的，显色指数达 99。白炽灯当中卤钨灯的光效最高，与普通白炽灯相比，光色更白一点，色调冷一些，色温一般为 2800~3200K。

白炽灯是可调光的，调光灯的灯丝工作温度降低，同时灯的色温降低，灯的光效降低使用寿命延长。卤钨灯也可调光，但需要变压器。

通常 GLS 灯的寿命在 1000h 左右，长寿型为 1500h；PAR 灯在 2000h；卤钨灯可达到 3000~5000h。

图 2-18 常见卤钨灯

（4）白炽灯的应用范围

白炽灯的应用范围很广。它们具有极佳的显色性且容易调光，表 2-2 是白炽灯的应用特性。

表 2-2　白炽灯的应用特性

应用特性	A	R	PAR	石英管	低压 PAR	低压 MR	低压小型
低照度一般直接照明	●	●			●		
中等照度一般直接照明	●	●	●	●			
高照度一般直接照明			●	●			
中等照度一般间接照明				●			
柔和的重点照明							
装饰性重点照明		●					
戏剧性重点照明	●				●	●	●
眩光最小戏剧性重点照明			●		●	●	
掠射洗墙（墙壁小于等于 9 ft）		好	最佳		●		
正面洗墙（墙壁小于等于 9 ft）	一般	好	更好	最佳			
掠射洗墙（墙壁小于等于 15 ft）		一般	更好				
正面洗墙（墙壁小于等于 15 ft）			好	最佳			
需要变压器					●	●	●
可调光	●	●	●	●	●	●	●
经常需要保护遮挡				●		●	
相对灯泡花费	低	低	中	高	高	高	中

注：1ft=0.3048m。

2.3.2　荧光灯

（1）荧光灯的基本元件

荧光灯是通过放电产生的紫外线激发荧光粉而发光的气体放电灯（图 2-19）。它是一种线性光源，属于非方向性光源，管径有 38mm 直管型、31mm 环管型、26mm 直管节能型和 16mm 高效超细短管型等。荧光灯不可或缺的重要配件是镇流器和启辉器，起到启动放电，控制灯管电流及避免灯管频闪的作用。一般分为传统型荧光灯和无极型荧光灯。传统型荧光灯和低压汞灯，是利用低气压的汞蒸气在放电过程中辐射紫外线，从而使荧光粉发出可见光的原理发光，属于低压弧光放电光源。无极荧光灯即无极灯，它没有传统荧光灯的灯丝与电极，是利用电磁耦合的原理使汞原子从原始状态激发成激发态，其激发原理与传统荧光灯相似，是现今最新型节能光源。

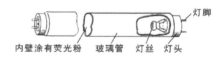

图 2-19　荧光灯结构

（2）荧光灯的种类

根据荧光灯的形状，荧光灯可分为直管型荧光灯、环型荧光灯和紧凑型荧光灯。

① 直管型荧光灯。直管型荧光灯按启动方式分为预热启动式、快速启动式和瞬时启动式。

目前，预热启动式荧光灯使用的范围最广，在 220V/240V 电源电压的国家及地区中均是如此。根据灯管直径，一般常用的预热式荧光灯有 T12、T10、T8、T5、T4、T3.5、T2 等型号。随着灯管直径越来越细，荧光灯的发光效率也原来越高。现在市面上用得最多的是 T8、T5、T4 灯管。它们的特点是尺寸减小、便于隐藏，所以广泛应用于发光灯槽、发光顶棚中的光源。常用 T5 灯管的功率为 8~35W，长度 310~1475mm；T4 灯管功率为 8~28W，长度 341~1172mm。

快速启动式荧光灯是最常见的能提供匀速启动，长寿命及可调光的荧光灯。电极在正常运行之前和运行期间都被加热。这使得快速启动型比预热或瞬时启动式效率低。快速启动式比瞬时启动式的 T5 灯管寿命长 25%。

瞬时启动式荧光灯与预热式原理比较类似，但它使用更高的启动电压，而不是预热电极。由于不需要预热，瞬时启动灯管每端只需要一个灯脚。由于这种灯机会开关一开就立即启动，所以称为"瞬时启动"，此类灯管有更高的效能，但寿命端，不适合用于开关频率高的空间。

② 环型荧光灯。环型荧光灯除了在形状上与直管荧光灯不同，在原理和性能上二者都基本相同，常见功率有 22W、32W、40W 等，如图 2-20 所示。

③ 紧凑型荧光灯（CFL）。紧凑型荧光灯的灯管、镇流器和灯头紧密地连成一体，所有的部件都集中在一个白炽灯大小的灯内，包括镇流器，所以称为"紧凑型荧光灯"，如图 2-21 所示。它有不同的尺寸、形状、颜色及结构。它通过折叠细小的 T5 灯管，获得更高的光效。紧凑型荧光的结构有双管、三管还有四管。一般紧凑型荧光灯都采用三基色荧光粉，其荧光灯光效高，节能效果显著。由于紧凑型荧光灯光衰小，性能稳定，且灯管直径为 10~16mm，在许多场所中它可以直接替换 40~100W 的白炽灯，故俗称节能灯。一个 32W 紧凑型荧光灯和 150W 白炽灯的光输出相同，却少用 25% 的电能，寿命也相对较长。

（3）荧光灯的工作特性

用于荧光灯的形状大小不同，其光效也不同。传统荧光灯使用卤磷酸盐荧光粉。采用稀土三基色荧光粉的光效要提高 10%，采用更贵的多谱宽带荧光粉，显色性提高，但光效降低约 20%。一般室内照明用的荧光灯，主要有暖白色、白色、冷白色和日光色，还有高级暖白色和高级冷白色，具有更好的显色性。色温有 2700K、3200K、5000K 灯。根据需要，可以调整荧光粉的种类，从而产生具有不同的色温、显色性和光效的荧光灯，使用范围更广。

所有气体放电灯工作时都需要镇流器，镇流器对于荧光灯起着重要的作用，镇流器好坏不仅决定了荧光灯的效能，还影响荧光灯的寿命。如今，年代更早的电磁镇流器逐渐被电子镇流器取代，电子镇流器更小、更安静，重量也比电磁镇流器更轻。电子镇流器温度也更低，可以减少空调运行费用。

图 2-20　环型荧光灯

图 2-21　紧凑型荧光灯

（4）荧光灯的应用

荧光灯应用相当广泛，根据其特点和工作特性，一般荧光灯会用在工作场所，特别是对视觉要求比较高及需要长时间工作的办公环境、学校教室、图书馆、医院、商店等，也适用于住宅、旅馆、博物馆及走廊等公共空间。同时，荧光灯也适合于需要模拟天光的一些大型公共场所照明，比如地铁站、飞机场候车大厅等。

2.3.3　金属卤化物灯（简称金卤灯）

（1）金卤灯的基本元件

金卤灯是高强度的气体放电灯（HID 灯），在室内照明设计中应用也相当广泛（图 2-22）。所有的 HID 灯都是通过穿透蒸气的高压电弧产生光。金卤灯因其汞蒸气发电管内添加了金属卤化物，金属原子参与放电而发出可见光而得名。金属卤化物可以大大提升所需金属的蒸气压，防止活泼金属对石英电弧管的侵蚀。并且金属卤化物在放电时，除了产生高压汞蒸气谱线外，还能产生其他各种颜色的光谱，其外观光色呈白色，色温在 2900~5200K，从而改善了光的显色性和光效。随着技术的进步，金卤灯的形式多样，对光色、大小及其光色的稳定性的改善，使它成为现代建筑中白炽灯很好的代替品。

图 2-22　金卤灯结构

（2）金卤灯的种类

金卤灯的结构形式多样，可分为有单泡壳双端型、双泡壳双端型、双泡单端型和陶瓷金卤灯等。一般常用的室内照明光源是双泡单端型金卤灯和陶瓷金卤灯。

① 双泡单端型金卤灯。双炮单端型金卤灯的外壳有两种：管状透明外壳和荧光粉椭球形外壳。图 2-23 为双泡单端型金卤灯。

在管状透明外壳金卤灯中，当电弧管中填充稀土金属卤化物时，70W 和150W 两种灯的色温为 4000K，显色指数为 80 和 85，常用于室内展示和重点

图 2-23　双泡单端型金卤灯

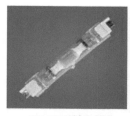

FC2-250W双端金卤灯
型号：MH-TD
功率：250W

G12单端金属卤化物灯
型号：JLZ/G12
功率：30W/50W/70W/100W/150W

R7S双端金属卤化物灯
型号：DMH
功率：70W/100W/150W

ED型单端涂粉金属卤化物灯
型号：JLZ/ED型
功率：150W/250W/400W

ED型单端金属卤化物灯
型号：JLZ/ED型
功率：70W/100W/150W/250W/400W

TT型大功率金属卤化物灯
型号：JLZ/TT型
功率：1000W/1500W/2000W/3000W

TO型金属卤化物灯
型号：JLZ/TO型
功率：35W/400W

T型金属卤化物灯
型号：JLZ/T型

BT型中大功率金属卤化物灯
型号：JLZ/BT型
功率：175W~2000W

彩色金属卤化物灯
型号：JLZ
功率：175W/250W/400W

照明当中；当充入的气体是钪、钠金属卤化物时，光源色温为 4000K，显色指数为 60，室内外都可用。

在涂有荧光粉椭球形外壳金属卤钨灯中的电弧管中充入钠、铊、铟卤化物的卤钨灯，功率为 250W 和 400W，色温为 4300K，显色指数为 68，常用室外照明和大型室内照明，如体育场。

② 陶瓷金卤灯。陶瓷金卤灯（CMD 灯）是采用半透明陶瓷作为电弧管的金卤灯，是石英金卤灯和钠灯的陶瓷技术的结合，集合了两者的照明优势。

由于陶瓷管能耐更高的温度，陶瓷金卤灯比其他的金卤灯化学性质更稳定，且光效高、亮度高、显色指数高、寿命长，综合指数十分优越，是商业、体育场馆、道路等大空间照明的优选光源。据业内人士预测，未来节能灯、LED 灯和陶瓷金卤灯将三分照明市场，不久将是这三种灯的市场爆发期。

现有的陶瓷金卤灯有 35W、70W、150W 等多种规格，其结构有采用管状灯泡外还有采用反射型外壳的 PAR 灯。图 2-24 为金卤灯形状。

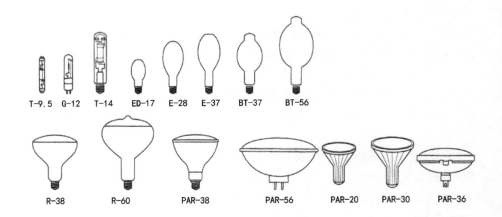

图 2-24　金卤灯形状

（3）金卤灯的工作特性

金卤灯的光效很高，通常在 56~110lm/W，显色指数在 60~93 之间。其使用寿命可达 12000~20000h。

尽管金卤灯被认为会引领高强度放电灯的未来，但它还是存在一些问题。金卤灯的光输出会受到各种因素的影响，特别对电源和电压的波动比较敏感，电源电压在额定值上下变化大于 10% 的时候会造成灯内的化学物质沉淀和转化，引起颜色变化，尤其是钠 – 铊 – 铟灯和钪 – 钠灯，电源电压太高还会光衰严重，缩短灯的寿命。镇流器感抗的幅度也很重要，灯泡必须工作在规定的上下功率范围内，这时灯的性能才能符合要求，金卤灯的颜色特性取决于电弧管的冷端温度，冷端温度又与其工作位置有关；不同的工作位置不仅会造成灯的颜色差异，还会对灯的寿命产生影响。所以，在照明设计中要考虑金卤灯初始的光通量和衰减后的光通差别。

（4）金卤灯的应用范围

根据金卤灯的不同特点，它的应用范围也十分广泛。常用于体育馆、展览馆、商场、工作车间灯大型的室内公共空间，其彩色的金卤灯（红色、紫色、蓝色和绿色）可用于装饰性照明，比其他配有滤光器的光源有更高的光效。

2.3.4 发光二极管 LED

（1）LED 的基本元件

LED 是 Light Emitting Diode（发光二极管）的简称，是一种将电能转化为可见光的半导体，其核心是 PN 结，在半导体 PN 结中通以正向电流，从 P 区注入 N 区的空穴和由 N 区注入 P 区的电子，在 PN 结附近数微米内分别与 N 区的电子和 P 区的空穴复合，产生自发辐射的荧光（图 2-25）。其结构是将一块电致发光半导体材料置于一个引线的架子上，用环氧树脂透镜罩将四周密封起来，起到保护内部芯片的作用。

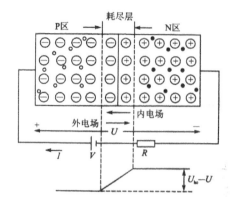
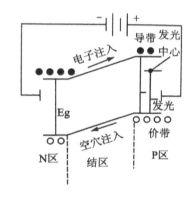

图 2-25　LED 发光原理电场示意

（2）LED 常用种类

LED 种类繁杂，以下是常用的 LED 光源。

① 直插型 LED。直插型 LED 体积小其照度角较小，因此光束为聚光型，主要应用在户外广告、电器信号灯、交通指示灯等。其规格有：草帽 / 钢盔、圆头、内凹、椭圆、墓碑型（尺寸：2mm×3mm×4mm）子弹头、平头、食人鱼等（图 2-26、图 2-27）。

② SMD 型 LED。SMD 型 LED 又称贴片型 LED，主要应用于 3C 技术产品，如手机屏幕和按键背光源、汽车面板背光源、电器按键信号灯、LED 灯带等体积较小的产品。SMD 型 LED 照射角度大，光束能被均匀扩散。按其形状大小分为：3020、3528、5050、1016、1024 等型号。一般 SMD 是菱形的，所以根据长 × 宽命名，如 1680（1.6mm×0.8mm）（图 2-28）。

③ 大功率型 LED。大功率型 LED 是广泛用于照明的 LED 光源，其种类也很多，它们的功率及电流使用皆不相同，且光电参数相差甚巨。单颗大功率型 LED 光源如未加散热底座（一般为六角形铝质座），它的外观与普通贴片无太大差距，大功率型 LED 光源呈圆形，封装方式基本与 SMD 贴片相同（图 2-29）。

（3）LED 的工作特性

随着新材料的研发成功，LED 的技术逐渐成熟，LED 灯的优势有目共睹。理论上说 LED 寿命长达 10 万小时，实际寿命约 5 万小时，一般与其配装的散热器件有关，但也远远超出了寿命只有 1000~2000h 的白炽灯，这使得 LED 可以和灯具直接整合，不用担心光源的更换问题。LED 响应时间也比其他光源短，气体放电灯从启动至光辐射稳定输出，需要几十秒至几十分

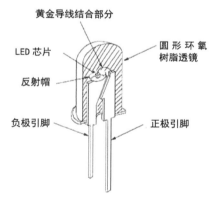

图 2-26　直插型 LED 结构

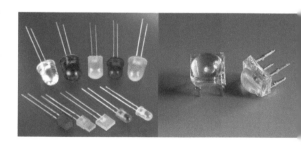

图 2-27　直插型 LED

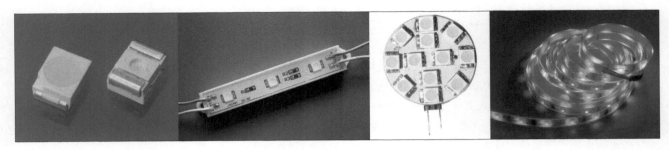

图2-28　SMD型LED

图2-29　大功率型LED

钟的时间，热辐射光源启动后电压有零点几秒的上升时间，而LED的响应时间只有几十纳秒。其次，LED光源结构牢固，它使用环氧树脂封装的半导体发光固体光源，其结构不包含玻璃、灯丝灯易损器件，是一种实心全固体机构，可承受一定的震动、冲击而不致引起损坏。且LED功耗低，是一种节能光源。目前，LED白光的光效可达到140lm/W，LED在红、橙区的光效已经达到了100lm/W，在绿色去光的光效达到约50lm/W以上，超过了普通白炽灯的水平，其技术发展相当快。令其运用广泛的是LED的光色方面的特性，LED实现了红、黄、蓝、绿、橙等多色发光。这些优势让LED在照明市场中发挥的作用越来越大，现如今，不仅室外应用广泛，在室内照明场所中也起到了重要的作用。

（4）LED的应用范围

进入21世纪，LED产业在各国政府的大力支持下，从最初的背光材料覆盖到如今各种照明领域，无论室内外，大小场所，都有LED的身影。LED其形式与安装与其他传统光源区别不大，而其具有的良好性能，使其在室内照明设计领域中拥有广阔的使用空间，在工厂、大型商场、酒店博物馆、娱乐场所、学校、医院等大部分室内空间都有其适当的位置，特别适用于重点照明和情景照明中。

2.4　光源的形式与应用

在室内空间的照明中，我们面临很多选择。根据被照物体、照明方式、灯具效果、艺术氛围及不同的环境，其使用的光源的类型也根据实际条件的改变而改变。以下根据光源形式和色彩来分析光源在空间中的恰当应用。

关注：

　　LED的出现打破了传统光源的设计方法与思路。2008年某照明公司首次提出"情景照明"概念，提出以环境的需求来设计灯具。情景照明以场所为出发点，旨在营造一种漂亮、绚丽的光照环境，去烘托场景效果，使人感觉到有场景氛围。

2.4.1　光源的形式

光源的形式与平面构成的原理一样，强调点线面的结合。

（1）点光源

在室内照明空间中点光源是指体量相对较小的单体灯具，如筒灯、射灯、小型吊灯等一些常用的点光源灯具，在室内照明设计中被称为点光源，应用普遍。

点在构成中具有集中、吸引视线的功能。所以点光源是目标性很强的光源形式，在界面上可以打造稳定及有秩序的感觉（图 2-30）；在特定的区域中可以打造局部空间集中、明确醒目的感觉，加大空间中的对比度（图 2-31）；当点光源聚集起来时候，创造出不一样的空间氛围（图 2-32、图 2-33）。

图 2-30	图 2-31
图 2-32	图 2-33

图 2-30　餐厅中具有明确性其秩序感的电光源布置

图 2-31　小小的聚光灯醒目了墙上的装饰物

图 2-32　高低错落的灯泡配以暖色的背景，浪漫的气息扑面而来

图 2-33　一颗颗紫色的点光源聚集在一起，形成了一面紫色的海洋，增添了餐厅华丽而优雅的气氛

图 2-34 ｜ 图 2-35
图 2-36 ｜ 图 2-37

图 2-34　从墙面延伸到天花的线光源，在金属界面的材质下衬得格外谦逊柔和

图 2-35　墙面明亮的线光源为原本平淡无奇的走廊带来一丝平静浪漫的气氛

图 2-36　分段式的线状光源冲击了整体空间，从视觉上来说斜线是最具运动感的线条

图 2-37　流动的线光源不仅具有方向性，带领人们进出博物馆，并给这个公共空间增添了一分情趣

（2）线光源

在室内照明空间中线光源是指线形灯具、线形反光灯槽等发光面较窄的灯具及照明方式。在照明设计中主要起到装饰的作用，一些距离较大的反光的灯槽也可以起到照明作用。

线在构成中只有长度和方向，不同的线表现不同的意念。粗线有力，细线锐利。线的粗细可产生远近关系，线还有很强的方向性。垂直线有庄重、延伸之感（图 2-34）；水平线有静止、安宁之感（图 2-35）；斜线有运动、速度之感（图 2-36）；而曲线有自由流动、柔美之感（图 2-37）。线光源亦是如此。在室内空间中，线光源往往起到衔接空间，是不同的空间柔和的连贯起来，并且起到引导延展的作用，体现了线光源流动、优雅的美感。

图 2-38　走廊深处的黄色面光，仿佛要带你进入另一个世界

图 2-39　白色的发光顶棚给博物馆带来了良好的照明，且具有亲和力、宁静祥和的气息

（3）面光源

在室内照明空间中面光源是指面光，如有遮光罩透射的光源，具有柔化照明光源、均匀照度的作用，是室内照明中常用的照明方法。

面在构成中呈现出不同的形态类型，面具有大小、形状、色彩、肌理等造型元素，密集的点和线同样也能形成面。在室内照明中，起初使用面光源是为了柔和光源，如今，随着科技的发展和材料的更新，面光源有各种各样的形式。在室内天花中使用面光源不仅使空间明亮柔和，也体现了自然大气的氛围（图 2-38）。在墙面上使用面光源，给人以身临其境的感觉，让人们体验奇妙的异地空间（图 2-39）。

2.4.2　光源的色彩应用

前面中分析了光与色彩的关系及光色对人的心理影响，下面我们就探讨一下光源在室内照明设计中的色彩应用。

光源的色彩是激发视觉灵感的源泉。在室内照明设计设计师一般采用三种方法来构成光的色彩。

（1）直接采用光源色

如图 2-40 所示，整个餐吧应用了黄色和紫色的灯光，丰富了空间的视觉感受，使之变得安静而又梦幻。图 2-41 中，红色的 LED 灯带不仅定义了保龄球道的功能区域，并使球道多了一份运动感的视觉效果。在图 2-42 中，墙面七彩流畅的灯条使整个休闲区域饶有活力，增添了一抹情趣。在展示空间中，运用彩色的投光灯来营造气氛的例子数不胜数，图 2-43、图 2-44 就是很好的案例，绚丽多彩的灯光不仅仅塑造了展示形体又渲染了氛围。

图 2-40　餐吧

图 2-41 保龄球道

图 2-42 休闲区

图 2-43 舞台上多彩的灯光渲染烘托了张拉膜结构，让其造型在视觉上更加立体丰富

图 2-44　艺术装置

（2）采用彩色透明或半透明材料制作的发光物体

　　光源的发光面积和颜色由光源外的透光材料所决定，这样可以使设计师尽情发挥他们的想象。图 2-45 中，餐厅的玻璃吧台及背后的酒柜中运用的蓝色灯光使整个空间弥漫在梦幻的冰雪世界里。图 2-46 中，黄色光从玫瑰花纹的透光墙中的溢出，根据花纹的深浅，或亮或案，使得空间沉浸在浪漫的氛围中。

图 2-45　餐厅

图 2-46　玫瑰花纹的透光墙

（3）光影的颜色

大自然是神奇的，通过仔细观察，你会发现很难找到没有颜色的阴影，光的颜色源于光谱，所以阴影也带有颜色。一年四季气候环境不同也改变了阳光的色谱，仔细观察阴影钟蕴含了微妙的颜色变化。画过色彩的人肯定深有体会，画家们描绘光的层次中，阴影的形式总是丰富多彩，在灰色的阴影中，画家通过融合各种互补色如蓝色和黄色来塑造阴影的微妙变化。通过人工光源照射的阴影亦是如此。白色的聚光灯头色在白色的墙面上会出现三原色红、绿、蓝色；蓝色的灯光下，投射互补色的阴影，冷暖的对比，造就不一样的氛围。如图 2-43 中天花的暖色光和地面的紫色光造就了装置的立体感。图 2-44 中舞台上多彩的灯光渲染烘托了张拉膜结构，让其造型在视觉上更加生动、张力十足。

图 2-47　明治神官前的灯笼墙
　　纸灯笼发出黄色微光，在紫色投影光的衬托下显得更为生动，火色的暖色刚与寒冷的色调结合，营造了一个令人慰藉的祈福氛围。这种彩色的阴影大多是靠人们的视觉来感知体会，这也是光影的魅力，在照明设计中添彩的一笔

思考延伸：

1. 光源的基本特性有哪些？

2. 光源的种类有哪些？

3. 光源的形式有哪些，如何运用光源营造丰富的视觉效果？

第3章 室内照明灯具

灯具不仅容纳了光源，还起了很多重要的作用，如遮蔽光源，改变光源的方向、颜色，将光源定位，同时，它还是室内设计中重要的装饰元素。本章主要探讨灯具的光学特性及灯具的选择与应用。

3.1 灯具光学特性

灯具的光学特性包包括：灯具组成部件、配光曲线、亮度分布及灯具效率等，了解灯具的光学特性是照明计算和合理使用灯具的基础。

3.1.1 灯具元件

灯具的主要组成元件有光源、电气部件、机械部件及最重要的控光部件。熟悉灯具构造，有助于正确的选择灯具。光源在前面一章中已有详细的介绍，不同的灯具光源也不同，一个灯具可以有几个光源，根据灯具的形式来定。

（1）电气部件

电气部件主要是指固定光源并提供电气连接的部分，如荧光灯的镇流器、启辉器或电子镇流器设备，气体发电灯的镇流器、电容器和电子触发控制设备等。

电子镇流器（Electrical ballast）是镇流器的一种，是指采用电子技术驱动电光源。如今，越来越多的荧光灯与气体放电灯运用电子镇流器。它是20世纪70年代世界性的能源危机之后的产物，当时节约能源的紧迫感使许多公司致力于节能光源和荧光灯电子镇流器的研究。随着半导体技术飞速发展，各种高反压功率开关器件不断涌现，为电子镇流器的开发提供了条件，70年代末，外国厂商率先推出了第一代电子镇流器，是照明发展史上一项重大的创新。电子镇流器使用的是半导体电子元件，将直流或低频交流电压转换成高频交流电压，驱动低压气体放电灯(杀菌灯)、卤钨灯等光源工作的电子控制装置。应用最广的是荧光灯电子镇流器。图3-1所示的是各种镇流器。

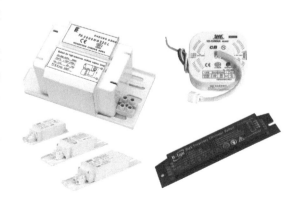

图3-1 各式镇流器

（2）机械部件

机械部件主要是指支撑和安装灯具的灯体。灯具的安装可以分为室内外安装、嵌入式安装、悬挂式安装等，在 3.1.5 中将详细介绍。

（3）控光部件

控光部件决定了光源发出的方向、亮度、光通量、效率等，它主要由反射器、折射器、漫射器和遮光器和其他一些附件组成。

① 反射器。反射器主要的功能是重新分配光源的光通量。光源发出的光线经反射器反射后，投射到预定的方向。一般为了提高效率，反射器由高反射率的材质做成，这些材料有铝、镀铝的玻璃或塑料等。其形式有球面反射器、柱面反射器、旋转对称反射器及抛物面反射器等不同形式。其发出的光辐射有对称或非对称的，有宽光束或窄光束的。不同类型的反射器可以适应不同的光源和照明需求。

② 折射器。折射器的功能是改变原先光线的方向，获得合理的光分布，一般用某些透射材料做成。折射器有棱纹板和透镜两大类。棱纹板一般由塑料或亚克力制成，表面花纹图案由三角锥、圆锥及其他棱镜组成。折射器可以有效地减弱光源亮度，减少眩光。

③ 漫射器。漫射器的功能是将光源均匀的散射出去。主要是指灯具发光的表面覆盖材质，常见有乳色玻璃（白色）、棱镜玻璃、磨砂薄片及镜面等材质。这些材质可以使灯具中的光线均匀散布开来，模糊光源点，减少眩光。

④ 遮光器。遮光器的功能是增大灯具的保护角，减少眩光。灯具在偏离垂直方向 45°~85° 范围内透射出的光容易造成眩光，特别是透明的灯泡，直接可以看到里面的发光体，所以，保护角越大，就越看不到直接的发光体。在灯具上系上遮光器件是最好的解决方法，用的最多是平栅格和抛物线百叶，如图 3-2 所示。

图 3-2　遮光器

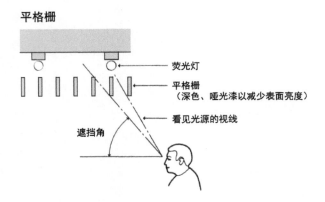

平格栅

荧光灯

平格栅
（深色、哑光漆以减少表面亮度）

看见光源的视线

遮挡角

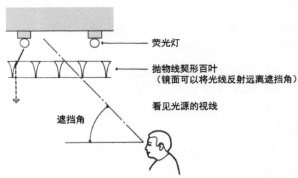

抛物线百叶

荧光灯

抛物线契形百叶
（镜面可以将光线反射远离遮挡角）

看见光源的视线

遮挡角

嵌入式灯具光强分布曲线

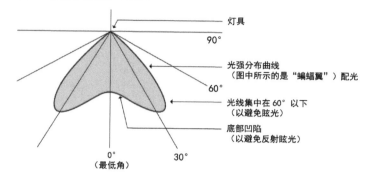

图中标注：
- 灯具
- 90°
- 光强分布曲线（图中所示的是"蝙蝠翼"）配光
- 60°
- 光线集中在 60° 以下（以避免眩光）
- 底部凹陷（以避免反射眩光）
- 0°（最低角）
- 30°

两种悬挂式灯具光强分布曲线

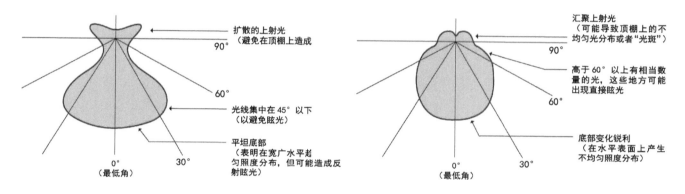

左图标注：
- 扩散的上射光（避免在顶棚上造成
- 90°
- 60°
- 光线集中在 45° 以下（以避免眩光）
- 平坦底部（表明在宽广水平趋匀照度分布，但可能造成反射眩光）
- 0°（最低角）
- 30°

右图标注：
- 汇聚上射光（可能导致顶棚上的不均匀光分布或者"光斑"）
- 90°
- 高于 60° 以上有相当数量的光，这些地方可能出现直接眩光
- 60°
- 底部变化锐利（在水平表面上产生不均匀照度分布）
- 0°（最低角）
- 30°

图 3-3　光强分布曲线

3.1.2　光强分布曲线

灯具的光强分布曲线与光源的光强分布曲线不同，取得灯具的光强分布曲线，可以方便设计师的照明计算，从而得到灯具的配置方式、数量、照度等等。

一般轴对称的旋转体灯具，发光强度在空间的分布是轴对称的，常以极坐标表示灯具的光强分布。

非对称旋转体的灯具光强在空间的分布也是不对称的，所以就需要多个平面的光强分布曲线图来说明空间的光分布。

安装方式不同的灯具其光强分布曲线也不同，如图 3-3 所示。

3.1.3　保护角和眩光限制曲线

灯具的保护角是为了有效地防止眩光。灯具的保护角就是遮光角，是指灯具出光边沿遮蔽发光体使之完全看不见的方位线与水平线所成的夹角。在灯具保护角范围内，以避免对人的视线造成的直接眩光。一般灯具和栅格灯具的保护角如图 3-4 所示的 α。图 3-4 中一般类型灯具的保护角（α）与灯具出光面尺寸（r）和发光体离灯具出光面距离（h）有关，而栅格灯具的保护角（α）与栅格长（b）宽（a）的尺寸有关。保护角越大，防止眩光效果越好，但光输出率会减小，灯具的效率会随之降低，能源效率也降低。

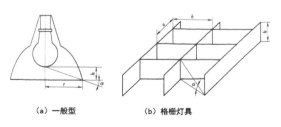

（a）一般型　　　（b）格栅灯具

图 3-4　灯具保护角

质量等级		使用照度/lx									
A	A	1000	750	500	–	300					
1	B	2000	1500	1000	750	500	300				
2	D						2000	1000	500	300	
3	E							2000	1000	500	300

亮度曲线
—— C0-C:80
—— C90-C270

hs

总光通
5000lm

L/(kcd/㎡)

—— A类限制　　- - - - B类限制

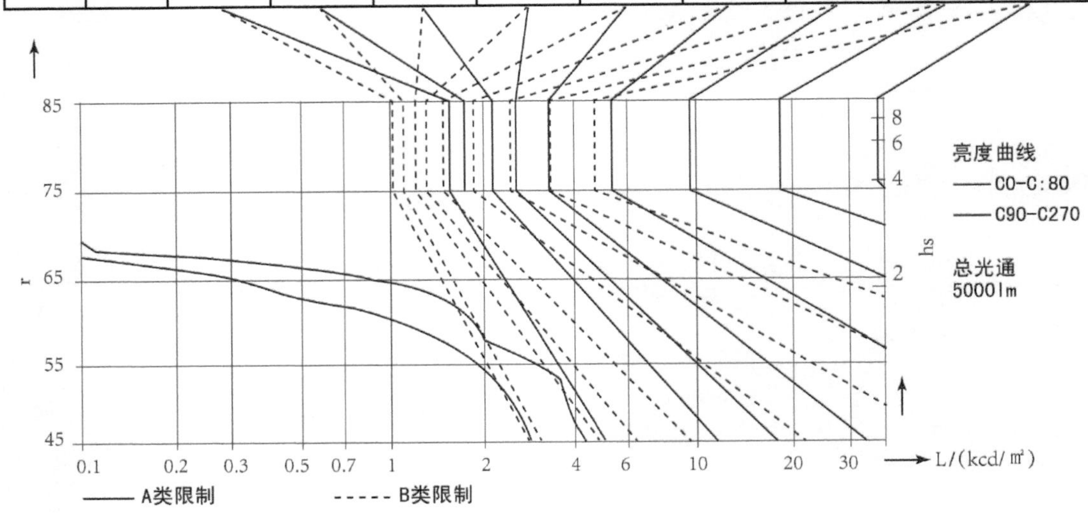

图3-5　眩光限制曲线

灯具防眩光的效果是根据眩光限制曲线而定，如图3-5所示。将灯具的亮度随角度的变化关系绘制在眩光限制曲线上，通过与不同级别的限制曲线相对位置的比较，可以获得灯具的防止眩光等级。

3.1.4　灯具效率

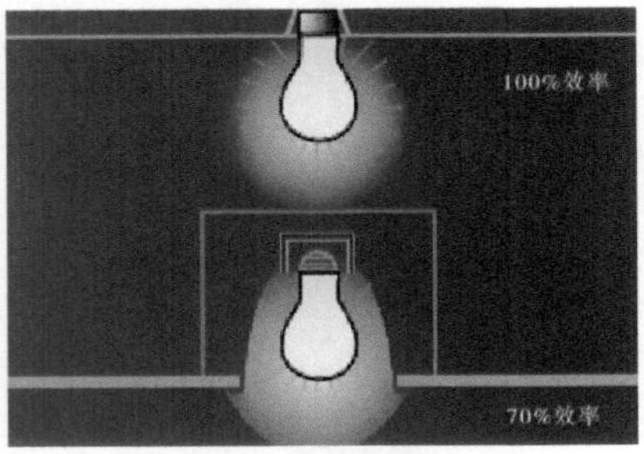

灯具效率也称光输出比例。灯具内发出的光线，有一部分会被灯具本身所吸收，影响光的整体输出。因此一般以灯具实际发出的光通量占其光源所发出的光通量之比，表示灯具效率。如图3-6所示，裸露的光源光效为100%；当被安装在灯具里，其效率为70%。

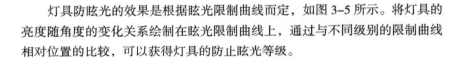

图3-6　灯具效率概念示意

3.1.5　灯具安装

（1）嵌入式

嵌入式主要包括嵌入式筒灯、射灯、栅格等、嵌入式地灯等。

（2）表面明装

大多数嵌入式的灯具也可以在墙体表面上安装，也就是所谓的明装。一般被安装在顶棚上，不需要顶棚后的深度空间。如明装筒灯、明装射灯、吸顶灯、吊灯和壁灯等各种类型的灯具。

（3）悬挂式

悬挂式安装的灯具具有高装饰性，悬挂式将灯具置于空间中提供许多分布的选择。光线也可以直接上射、下射、漫射或是组合。

（4）导轨

导轨安装的灯具是可调节的，适用于美术馆等类展示空间的照明。导轨本身是可以嵌入式、悬挂或吸顶安装的。

（5）建筑化照明

内置在空间墙体内的光源可以称为建筑化照明。如隐藏在壁龛、顶棚、墙壁内槽、橱柜顶上。

（6）集成家具

与家具一体化的灯具称为集成家具。

（7）可移动式或便携式

可移动式的灯具也是装饰性较强的灯具，如台灯（图3-7）、落地灯和工作灯等。

3.2　室内灯具分类

室内灯具有很多种分类方式，CIE（国际照明委员会）将一般室内照明灯具分为直接型灯具、半直接型灯具、全漫射（直接—间接）灯具、半间接灯具和间接灯具，见表3-1。

图3-7　台灯造型简洁大方，灯罩开口角度较小，使射出光束集中

灯具类别	光通量分配 /%		光强分布示意图
	向上光通	向下光通	
直接型	0~10	100~90	0%~10% / 90%~100%
半直接型	10~40	90~60	10%~40% / 60%~90%
（直接—间接）型	40~60	60~40	40%~60% / 40%~60%　　40%~60% / 40%~60%
半间接型	60~90	40~0	60%~90% / 0%~40%
间接型	90~100	10~0	90%~100% / 0%~10%

表 3-1　灯具种类

3.3   灯具的选择与应用

　　灯具往往不仅仅是照明的工具，在室内设计中也是重要的装饰元素。一般设计师可以选择灯具厂商的固定产品，也可以定做；根据特定的室内环境，设计师还可以自己设计符合设计的创意灯具。

3.3.1   灯具选择标准

　　灯具的样式、照明方式与发光效率、施工及造价等都会影响到灯具的选择。不同环境选择的灯具的侧重点也不同。在一个空间中，设计师可以根据以下几点原则来选择灯具。

　　（1）满足功能需求

　　满足功能需求是选择灯具的最基本的要求，选择合适的灯具需要满足以下几点：

　　①配备合适的光源；

　　②可以更换不同功率的光源；

　　③可调节性；

　　④很好地控制眩光；

　　⑤易于安装其他附件。

　　（2）满足审美需求

　　灯具除了满足功能的需求外，当然也要满足人们的审美需求。以下几点是我们在选择设计中需要考虑到：

　　①适合室内空间的尺度；

　　②适合室内环境的风格与形式；

　　③能够满足人们的审美需求。

　　（3）满足维护需求

　　灯具的维护需求相当重要，灯具的损坏在所难免，为了易于维护，就要在设计时慎重考虑安装方式及位置，电线的长度与安装牢度。

　　（4）满足业主需求

　　每个项目业主都有基本的预算，设计师要结合业主的经济实力，尽力在价格、灯具造型、照明效果、施工等因素都均衡的情况下找到合适的灯具。

3.3.2   照明控制策略

　　随着照明控制技术逐渐成熟，如今的照明控制已经不是一开始简单的手动调光控制，它已经发展到可以与时间、天气结合的复杂的场景的区域程序预设。一般根据以下几个条件来设计照明控制系统，以此来获得需要的照明数量和质量：

　　①人在室内停留的时间和所需的视觉任务；

　　②不同的天气条件；

　　③光源与灯具的老化情况。

　　照明控制系统分为四种：手动控制、时间控制、感应控制及光电控制。

　　（1）手动控制

　　手动照明控制是应用最广泛的控制系统，几乎应用在所有的照明系统中。

典型的是手动开关和调光。手动控制常用于白炽光源占多数的空间下需要改变光的光照强度，这时需要调光控制系统，同时调光开关可以延长光源使用寿命。

（2）时间控制

时间控制系统具有定时功能，在需要照明时开灯，不需要时关灯。时间控制常用于景观照明和安全照明，在室内照明中一般用于大型的公共空间。时间控制有机械和电子两种，根据一天、24 小时、7 天或是一年中预定的时间控制灯具的开和关，可实现时序控制、年历控制或季节控制。

（3）感应控制

感应控制又称运动传感器，可以根据环境中的移动物体或人员流动情况来实施开光的控制。感应控制通过传感器或红外热辐射探测室内声波反射的变化。最常用的是被动式红外传感器和超声传感器。

感应控制最适用于间歇使用空间，如教室、走廊、会议室或休息室，如今在展示空间也用得相当广泛，通过感应照明控制完成一些具有创意出乎意料的空间。感应控制需要配合能够循环开关而不会遭受损坏的光源，如白炽灯、快速启动的荧光灯以及 LED 灯。而 HID（高强度气体放光源）灯由于需要长时间启动和重启的光源不适合重复开关。表 3-2 是感应传感器的推荐应用。

表 3-2　感应传感器的推荐应用

传感器类型	应用	注释
顶棚安装	开放式有隔断的区域，小型开放式办公室，文档室，复印室，会议室	提供 360° 覆盖，如果隔断大于 48in 覆盖范围减免 50%
角落安装，宽视野	大办公空间，会议室	在墙壁高处安装
墙壁安装	私人办公室，复印室，住所，厕所	特别适用于更新。不推荐用于有障碍物的场所
窄视野	走廊，楼梯间，走道	如果安装在中间效果最好
高处安装，窄视野	仓库走道	必须靠后设置以使其不会探测到横向走道的动作

注：1in=0.0254m。

（4）光电控制

光电控制是根据光线变化自动开关的一种装置，通过光电元件感知光线。当空间的照明环境中的自然光充足时，光电池调低光效或关闭光源。同时光电控制还可以维持光源衰老时的照度水平。光电控制可以有效地利用自然光代替人工光源，当自然光照度下降时，补充人工照明。相反亦是如此。

在照明设计中，应该要灵活的应用照明控制系统，上述的控制系统也可以混合使用，掌握照明控制策略，实现照明的智能化设计（表 3-3）。

表 3-3　光电控制策略

应用	策略			
	手动开关	时钟控制	人员停留传感器	光电控制
间歇使用或无法预计使用人员的空间	●		●	
能够预计使用人员的空间，有不使用的时候	●	●		
光照水平波动大的空间（天然采光的空间）	●			●

3.3.3 节能照明系统设计策略

在整个照明系统的费用中，电能费用占85%，维护费用占12%，3%是灯具的费用。采用感应控制一般会节省电能费用中的35%~45%，还能延长光源与灯具等的寿命。随着人们的生活品质越来越提高，仅物理上的照明功能已不能满足人们日常生活中的空间及感受，未来的光源势必朝着高品质、高性能、高安全的节能绿色环保的照明要求发展。除了运用照明控制系统外，还要注意以下几个方面可以提供节能的照明策略。

① 避免在室内空间中使用过高的均匀照明。

一般获得200~300lx整体照明水平之后，通过可移动的灯具、家具集成灯具（与家具组合在一起的灯具）等类似灯具提供局部可选择的视觉作业，并把照明要求类似的视觉作业分在一组（图3-8）。

② 室内的墙、地面和天花用浅色材质，或改变造型以增加反射光（图3-9）。

③ 避免使用超长寿命的光源，因其光效比寿命短的光源低，除非寿命短的光源存在维护问题（如难以清洁或换灯），所以尽量使用易于清洗和维护的灯具。

④ 尽量使用高光效的节能灯；气体放电光源尽量使用高效低损耗的镇流器。

⑤ 在使用半直接灯具和下射灯具的时候安装高度尽可能低，让更多的光照射在工作面上而不被墙壁表面吸收（图3-10、图3-11）。

⑥ 尽量利用自然光源，把需要高照明水平的工作区域安排在采光最好的位置上（图3-12、图3-13）。

⑦ 使用反射器将自然光透投射到室内空间的深处来增加室内自然光的照度。

⑧ 尽量为使用者安装便于局部控制的照明开关，并使用多回路的开关和调光以便灵活的调整不同区域的照明水平。

⑨ 在一些不能预计人流的空间采用人流感应控制灯。

⑩ 定期清洁和维护照明系统。

图3-8 在沙发区域采用落地灯进行重点照明

在高大的空间中，可采用一般照明与重点照明相结合的方式以节约能源

图 3-9　吧台背景采用弧面造型，充分地将光线散射至四周

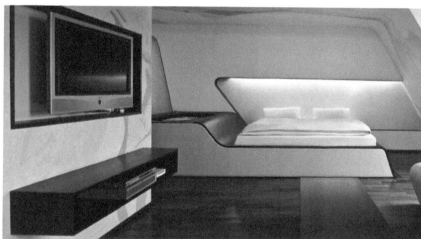

图 3-10　将灯带位置下移至房间半高处，提高了光源利用效率

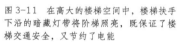

图 3-11　在高大的楼梯空间中，楼梯扶手下沿的暗藏灯带将阶梯照亮，既保证了楼梯交通安全，又节约了电能

图 3-12　健身房中，将自然光均匀引入室内，节能环保

图 3-13　阁楼中，将书桌放置在窗户前，白天可充分利用自然光进行读书写字

思考延伸：

1. 如何理解光强分布曲线？

2. 灯具的选用原则有哪些？

3. 节能照明系统设计策略有哪些？

第4章 室内照明设计原理

光是人们生活中不可或缺的一部分，室内照明设计就是让光科学、合理并艺术化地融入人们生活的场所，构建和谐、轻松、安宁、平静、动感多元的光环境空间。本章主要探讨室内照明设计的原理，了解相关的照明设计要求与原则，为创造良好的光环境打好基础。

4.1 室内照明设计的目的与要求

4.1.1 室内照明设计的目的

室内照明设计的目的就是实现利用光的合理设置来强化人与建筑空间的有效交流，创造适宜的照明环境，有助于人的生理需求和生理需求在室内空间的实现，并满足人的精神需求。照明设计不仅仅只是照亮环境的手段，在室内空间的照明设计中，既要创造出合适、明亮的效果满足不同的功能需要，又要融合设计师的创意，营造富于艺术气息的氛围与意境。

4.1.2 照明设计的相关要求

在照明设计中要考虑的内容很多，主要包括照度、亮度、光源显色性、眩光指数等照明指标，而这些内容在不同的建筑空间内部也有很大的差异。为此，许多国家也颁布了针对照明设计的相关标准，以指导不同建筑空间类型的照明设计。

关注：

　　CIE、IESNA、CIBSE 是三个国际照明界比较权威的组织，这里只列出其中部分常用标准。另外，其他国家如日本、俄罗斯等发布的相关标准也常作为参照标准，这里不一一列出。在室内照明设计的过程中要灵活的运用照明相关标准，根据空间环境的具体情况可以或高或低的超出标准中照度规范的范围。

（1）室内照明设计常用国家标准

表 4-1~ 表 4-8 是我国 2004 年颁布的《建筑照明设计标准》（GB 50034－2004）对公共建筑、居住建筑、工业建筑等常用场所进行了照明设计标准和能耗标准的规定。

（2）室内照明设计常用国际标准

① CIE（国际照明委员会）

标准 S008-2001《室内工作场所照明》（Lighting of indoor work places）。

② IESNA（北美照明学会）/ANSI(美国国家标准学会)

IESNA/ANSI RP-11-95《室内生活空间的设计准则》（Design Criteria for Interior Living Spaces Approved）

IESNA/ANSI RP-30-96《博物馆和美术的照明标准》（Museum and Art Gallery Lighting ANSI Approved)。

IESNA/ANSI RP-1-04《美国办公室照明国家标准实施规范》（American National Standard Practice for Office Lighting）。

IESNA RP-2-01《商业照明标准》（Store Lighting Guide）。

IESNA/ANSI RP-3-00 (R2006)《学校照明指南》（Guide for Educational Facilities Lighting）。

IESNA/ANSI RP-29-06《医院和康复中心照明标准》（Lighting for Hospitals and Health Care Facilities）。

③ CIBSE（英国建筑工程师协会）

LG02-1989《医院照明标准》（Hospitals and health care buildings lighting guide）。

CIBSE LG07-1993《办公室照明标准》（Light for offices）。

CIBSE LG08-1994《博物馆和美术馆照明标准》（Museums and art galleries lighting guide）。

CIBSE LG09-1997《公共住宅建筑照明标准》（Lighting for communal residential building）。

表 4-1　居住建筑照明标准值

房间或场所		参考平面及其高度	照度标准值 /lx	Ra
起居室	一般活动	0.75m 水平面	100	80
	书写、阅读	0.75m 水平面	300①	80
卧室	一般活动	0.75m 水平面	75	80
	床头、阅读	0.75m 水平面	150①	80
餐厅		0.75m 水平面	150①	80
厨房	一般活动	0.75m 水平面	100	80
	操作台	台面	150①	80
卫生间		0.75m 水平面	100	80

①宜用混合照明。

表 4-2　图书馆建筑照明标准值

房间或场所	参考平面及其高度	照度标准值 /lx	UGR	Ra
一般阅览室	0.75m 水平面	300	19	80
国家、省市及其他重要图书馆的阅览室	0.75m 水平面	500	19	80
老年阅览室	0.75m 水平面	500	19	80
珍善本、舆图阅读室	0.75m 水平面	500	19	80
陈列室、目录厅（室）、出纳厅	0.75m 水平面	300	22	80
书库	0.25m 水平面	50	—	80
工作间	0.75m 水平面	300	19	80

表 4-3　办公室建筑照明标准值

房间或场所	参考平面及其高度	照度标准值 /lx	UGR	Ra
普通办公室	0.75m 水平面	300	19	80
高档办公室	0.75m 水平面	500	19	80
会议室	0.75m 水平面	300	19	80
接待室、前台	0.75m 水平面	300	—	80
营业厅	0.75m 水平面	300	22	80
设计室	实际工作面	500	19	80
文件整理、复印、发行室	0.75m 水平面	300	—	80
资料、档案室	0.75m 水平面	200	—	80

表 4-4　旅馆建筑照明标准值

房间或场所		参考平面及其高度	照度标准值 /lx	UGR	Ra
客房	一般活动区	0.75m 水平面	75	–	80
	床头	0.75m 水平面	150	–	80
	写字台	台面	300	–	80
	卫生间	0.75m 水平面	150	–	80
中餐厅		0.75m 水平面	200	22	80
西餐厅、酒吧间、咖啡厅		0.75m 水平面	100	–	80
多功能厅		0.75m 水平面	300	22	80
门厅、总服务台		地面	300	–	80
休息厅		地面	200	22	80
客房层走廊		地面	50	–	80
厨房		台面	200	–	80
高档展厅		0.75m 水平面	200	–	80

表 4-5　展览馆展厅照明标准值

房间或场所	参考平面及其高度	照度标准值 /lx	UGR	Ra
一般展厅	地面	200	22	80
高档展厅	地面	300	22	80

注：高于 6m 的展厅可以降低到 60。

表 4-6　博物馆建筑陈列室展品照明标准值

类　别	参考平面及其高度	Ra
对光特别敏感的展品：纺织品、织绣品、绘画、纸质物品、彩绘、陶（石）器、染色皮革、动物标本等	展品面	50
对光敏感的展品：油画、蛋清画、不染色皮革、角制品、骨制品、象牙制品、竹木制品和漆器等	展品面	150
对光不敏感的展品：金属制品、石质器物、陶瓷器、宝玉石器、岩矿标本、玻璃制品、搪瓷制品、珐琅器等	展品面	300

注：1. 陈列室一般照明应按展品照度值的 20%~30% 选取。
　　2. 陈列室一般照明 UGR 不宜大于 19。
　　3. 辨色要求一般的场所 Ra 不应低于 80，辨色要求高的场所 Ra 不应低于 90。

表 4-7　医院建筑照明标准值

房间或场所	参考平面及其高度	照度标准值 /lx	UGR	Ra
治疗室	0.75m 水平面	300	19	80
化验室	0.75m 水平面	500	19	80
手术室	0.75m 水平面	750	19	80
诊室	0.75m 水平面	300	19	80
候诊室、挂号室	0.75m 水平面	200	22	80
病房	地面	100	19	80
护士站	0.75m 水平面	300	—	80
药房	0.75m 水平面	500	22	80
重症监护室	0.75m 水平面	500	19	80

表 4-8　商业建筑照明标准值

房间或场所	参考平面及其高度	照度标准值 /lx	UGR	Ra
一般商店营业厅	0.75m 水平面	300	22	80
高档商店营业厅	0.75m 水平面	500	22	80
一般超市营业厅	0.75m 水平面	300	22	80
高档超市营业厅	0.75m 水平面	500	22	80
收银台	台面	500	—	80

4.2　室内照明设计原则

4.2.1　安全性原则

安全防护始终是各项设计中的首要原则。在设计的过程中，施工、维护、用户使用等各个环节的安全问题都要重视，照明关系到用电设施，必须采取严格的防爆炸、防触电、防短路等安全措施，并严格按照规范进行施工，以避免意外事故的发生。

4.2.2　合理性原则

好的光环境并不一定以量取胜，关键是科学合理。照明设计是为了满足人们视觉和审美的需要，使室内空间最大限度地体现实用价值和欣赏价值，并达到使用功能和审美功能的统一；同时，还要考虑使用空间的温度、湿度等物理条件，保障照明设施使用的安全性和耐久性。华而不实的灯具非但不能锦上添花，反而画蛇添足，同时可能会造成电力消耗和经济上的损失，甚至还会造成光环境污染，而有损使用者的身心健康。

4.2.3　艺术性原则

在合理安排灯具的同时，渲染空间氛围是照明设计的重要作用。增强空间视觉效果，渲染艺术氛围成为现代室内设计中重要的装饰要素。在照明设计中，光源和灯具本身都可以作为艺术装饰的一部分。光源的色彩可以表现不同的感情特征，裸露的灯泡本身也可以作为装饰元素（图4-1）；造型各异的灯具不仅起到保护光源的作用，且其十分讲究造型、材料、色彩、比例，已成为室内空间不可缺少的装饰品。通过对灯光的明暗、隐现、强弱等进行有节奏的控制，采用透射、反射、折射等多种手段，创造风格各异的艺术情调气氛，为人们的生活环境增添了丰富多彩的情趣。

图4-1　将裸露灯泡进行组合装饰室内空间

4.2.4　经济性原则

刻意的追求艺术性而增加过大的经济投入也是不合理的照明设计。照明设计要准确地把握功能需求和审美需求平衡，减少多余的经济支出。低耗能、高效率、光源寿命及后期维护都是照明视觉设计之后必然要考虑的条件，这些都是减少经济支出的有效手段。采用先进的照明技术，充分发挥照明设计的实际效果，尽可能地降低支出，不仅仅是为用户创造了实际舒适照明环境，也为节能降耗做一份贡献。

4.3　室内照明设计方式

室内照明设计方式有很多，有根据灯具亮度分布状况，也有根据灯具的安装方式，以下介绍三类室内照明设计方式。通过介绍各种照明方式来探讨光对空间的影响。

4.3.1　亮度模式

光的功能，毋庸置疑，当然是使空间亮起来，能使人们看清周围的世界。宾夕法尼亚大学的教授 John Elynn 的研究表明，特定的亮度模式还会给空间使用者的主观印象施加一致的可定义的影响。他在办公空间、教育空间及餐饮空间内进行了研究，确定了这种基于亮度模式产生的印象的主要种类分为私密类、休闲类、视觉清晰类以及开阔类等模式。

（1）私密类

所谓私密类就是在照明的区域中保留个人的空间，并使之处于阴影下，以增加个人私密空间的感受。所以，总体照明度低且不均匀，使用区域比整体环境暗的照明模式，将增加私密的感觉。这可以用减少水平照明，增加垂直照明的方式来获得（图 4-2、图 4-3）。

图 4-2、图 4-3　私密类亮度模式

　　图中将使用区域亮度降低，墙面亮度增加，采用不均匀的点光源以强调背景，使空间私密又不失生气

（2）视觉清晰类

视觉清晰指的是视觉环境的清爽明晰，而不是指某个视觉作业可以看得多清楚。视觉清晰类模式往往使建筑空间整体照亮使空间整体照亮，突出工作面和顶棚天花这样的水平表面（图4-4、图4-5）。

（3）休闲类

休闲类与私密类相同的是非均匀的照明，对墙面的不均匀照明有助于营造放松的气氛。休闲模式可以和视觉清晰模式结合，产生一个高效舒适的办公环境（图4-6、图4-7）。

（4）开阔类

明亮的顶棚及墙面从视觉上来说，可以增加空间的开阔度。均匀的照明也有助于使房间感觉更大（图4-8）。

图4-4　健身房顶棚天窗将自然光均匀引入室内，立面落地窗也起到了补充光线的作用

图4-5　休闲空间中圆形的顶棚天花发出均匀柔和的冷色光，光源的隐藏避免了电脑屏幕上反射眩光的产生

图 4-6 办公空间中, 桌面上方垂吊的荧光灯管将工作面均匀照亮, 墙面上造型生动的灯具在墙上打出不规则的光斑, 为办公空间增添活跃气氛

图 4-7 台灯、落地灯等是卧室中必不可少的物品, 在满足实用功能的基础上, 低色温点光源让空间更显温馨

图 4-8 餐厅中, 光源射向顶棚, 让顶棚看上去更显轻盈, 空间在视觉上更加开阔

4.3.2　光分布策略

根据照明灯光的亮度分布类型，室内照明方式可分为以下四类。

（1）普通照明

普通照明是指一个房间的整个区域提供均匀一致的照明，也就是泛光照明。普通照明是最基本最重要的部分，满足环境中使用者视觉功能的需要（图4-9）。

（2）重点照明

重点照明是着重强调视觉焦点区域，在普通照明的基础上，通过在局部的强化照明而形成与环境照度的对比，从而形成明暗不同的强调性照明效果，例如餐厅的桌子或者博物馆中的艺术品，如图4-10所示。重点照明区域的余光也可提供周围的环境照明。

（3）环境照明

环境照明是用来提高主要被照区域周围的照度，作为补充照明。如果被照物体周围表面没有照明，就会显得过亮且使人不适应，所以要加以辅助照明，如图4-11所示。一般环境照明常常使用间接照明的方式。

（4）情景照明

情景照明也可称为局部照明，它是在相对较小的区域里提供辅助的照明。它本身不具有功能性，它更强调美学性和心理需求，通过光的造型或颜色来渲染环境氛围的照明，如图4-12所示。

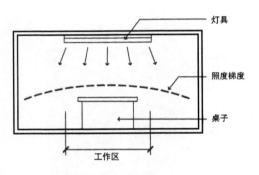

图 4-9　普通照明

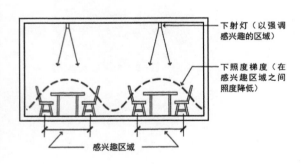

图 4-10　重点照明

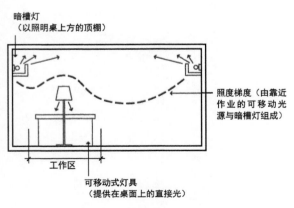

图 4-11　环境照明

图4-12　光从墙面的裂缝中溢出，紫色的光与黄色的餐椅形成对比，营造了一个独一无二的餐厅氛围

4.3.3　顶装灯具的布置方式

顶装灯具的布置就是确定光源在室内场所内的空间位置，包括水平和垂直的位置。灯具布置的方式直接关系到光的方向、工作面照度、亮度分布、眩光大小及阴影分布等因素。灯具布置方式的合理与否会直接影响照明装置的安装功率、照明设施的耗费、能耗及安全性。

（1）发光天花板与受照天花板

室内天花板可以被用作直接或间接的光源，也就是自身发光顶面和通过受照而发出的间接照明。发光天花板相当于空间中的直接光源，通常是将灯具直接安装在天花板表面上，或再加上遮光栅格或漫射透镜之后（图4-13），变为一个大的布满天花的灯具。它可以为室内空间提供及其均匀的照明，如图4-14所示。

受照天花板通过照亮天花表面（图4-15），反射光线为空间提供无眩光而又均匀的照明，其还可以体现有造型的天花板（图4-16）。但其光效没有直接照明的发光天花板高，也有可能凸显天花的缺陷。

（2）悬挂式、吸顶式、嵌入式

悬挂灯具优势在于能够变换各种照明方式，主要取决于悬挂的灯具样式。上照灯可以为天花板提供照明，但如果灯具的材料是完全不透明的灯具，

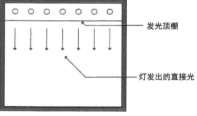

图4-13　发光天花板原理

图4-14　发光天花板

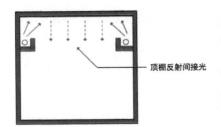

图 4-15　受照天花板原理，用间接光照亮顶棚

图 4-16　受照天花板

图 4-17　造型别致的悬挂灯球，给人带来时空错乱的视错觉

悬挂灯具
线光源

壁装灯具
线光源

悬挂灯具
点光源

吸附在暴露导风管上的灯具
线光源

悬挂灯具
（也提供下射光以减少与顶棚的对比）
线光源

图 4-18　悬挂灯具的几种样式

那么工作面照度会很低。反之，下照灯具也是如此。所以，一般建议使用上下照兼具的灯具可以减少与天花的对比度，使空间整体照度增加的感觉（图4-17、图4-18）。

吸顶式是指将灯具直接安装在天花板上，此安装方式用得最多是展示空间的导轨灯。

嵌入式是指将灯具直接嵌入天花板或墙体之中，它的优势在于比较容易隐藏，不容易破坏整体室内设计的效果（图4-19、图4-20、图4-21）。

图4-19、图4-20　流线形的天花造型中嵌入灯带，随意变换的光色让空间更加生动多变（左图）

图4-21　吧台下方，嵌在地板上的射灯将吧台造型巧妙勾勒，产生不一样的视觉效果（右下）

图 4-22　天花的暗藏灯槽使剧院天花和墙的界限模糊了，天花周围一圈的暖色光是这个红色的空间得到了升华，如同自然光从细缝中溢出，使整个空间生动起来

图 4-23　墙面的灯槽中向上照射的暖色光，使原本狭小的餐厅温馨且空间感增大

（3）灯槽

灯槽是间接照明的一种方式，通过灯槽将光导向天花板或者墙体，为空间提供泛光照明。其优势在于隐藏光源，避免眩光，同时当光照向天花时，可以增加空间高度的视觉效果，模拟自然光，如图 4-22、图 4-23；当光照向墙壁时会加大空间纵深感，如图 4-24 所示。

（4）消除顶装灯具暗区

在营造线型光源的时候，往往会遇到荧光灯的排列安装，此时经常会因为荧光灯的安装失误造成暗区的产生，图 4-25 中很多地方的光照不均匀。这是由于灯头盒灯座不能发光所致。图 4-26 中的几个方法可以消除这个烦恼。

图 4-24　中间靠后的墙上圆形的暗藏灯带
让人错觉在这红绿相间的梦幻空间之后是
否还存在另一个世界

图 4-25　荧光灯管线型排列产生的暗区

图 4-26 消除顶装灯具暗区的方法

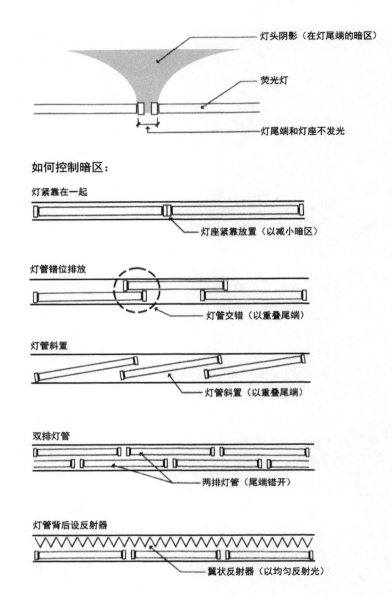

灯头阴影（在灯尾端的暗区）

荧光灯

灯尾端和灯座不发光

如何控制暗区：

灯紧靠在一起

灯座紧靠放置（以减小暗区）

灯管错位排放

灯管交错（以重叠尾端）

灯管斜置

灯管斜置（以重叠尾端）

双排灯管

两排灯管（尾端错开）

灯管背后设反射器

翼状反射器（以均匀反射光）

思考延伸：

1. 室内照明设计原则有哪些?

2. 照明灯光的亮度分布类型有哪些?

3. 消除顶装灯具暗区的方法有哪些?

第5章 室内照明设计的辅助软件

在照明设计的过程中，设计师往往对初步方案的可实施性的没有把握，灯具的布置能否满足功能上的需求？空间的光效是否达已到预期的效果？照度和亮度分布的状况等一系列困扰设计师的问题。然而，手工计算往往需要一定的时间，才能得到计算结果。随着计算机技术的发展与应用，照明计算软件进行研究和开发，使得照明计算无需再使用繁复的手算计算过程，通过计算机软件可以在极短的时间得出计算结果。这些设计师可以专注于设计并十分便捷地通过计算结果不断调整新方案，使得设计更具科学性。本章就是针对两款国内照明设计从业者用的最多的照明设计软件 DIALux 和 Agi32，进行操作流程的介绍与指导。

5.1 国内照明设计软件应用现状

目前国内的照明设计界中，照明设计软件分为三类：第一类是 3D 类专业软件，如 Lightscape、3ds Max(3dmax)，此类软件一般能比较直观地表现最终照明的效果，但是只能凭借设计师的经验与所谓的感觉；第二类是照明灯具企业自己开发的照明计算软件，如 GE、PHILIPS（Calculux）、Disano、Lithonia（Visual，Siteco）等，此类软件的优势是可以精确地计算自己品牌灯具在空间中的数据情况，劣势就是也只能计算自己品牌的灯具，专业性强，对于非开发人员来说不易掌握，并且不能通用；第三类是专业计算照明计算软件，如 AGI 32、DIALux、Light Star、Lumen micro、Autolux 等，此类软件是一种理性计算分析照明设计的工具，可以帮助设计师客观地对照明设计进行评价。目前较为广泛使用的照明计算软件当数 DIALux 和 AGI32。

5.2 DIALux 照明设计软件应用

DIALux 是由德国 DIAL 公司进行开发设计，之前主要应用于欧洲。近些年，DIALux 已经入中国的市场，目前已有中文简体版本并且免费，很多从事照明设计的设计师已在使用。

5.2.1 软件特点

（1）专业性强

DIALux 提供了整体照明系统数据，可精确计算出所需的照度，并提供完整的书面报表（图 5-1）及 3D 模拟图（图 5-2）。善用软件的分析数据与模拟功能，可大幅提升照明设计者的工作效率与准确度。

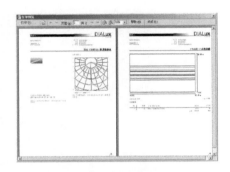

图 5-1 DIALux 完整书面表

（2）应用广泛

DIALux 可应用于室内、室外和道路照明计算。

（3）易学易用

DIALux 使用简单，直观地创造自己想要的设计空间，记录逼真的设计结果。利用模拟的可视化日光及人造光场景惊艳客户，并且可以让对方随着摄像机的拍摄观看整个设计方案与结果。DIALux 也能方便地导入或导出 CAD 文件或使用任何互联网上的 3D 模型，简单易学易操作。

（4）引入数据简便

DIAL 公司与近百家灯具厂商成为伙伴关系，使得 DIALux 拥有世界各大灯具厂商最新的灯具数据，随时随地都可以搜索并下载灯具文件加入到 DIALux 灯具库中，用鼠标把灯具文件拖进设计空间窗口即可。

图 5-2 3D 模拟图

（5）系统开放性强

如果使用的灯具品牌并没有加入 DIALux 的灯具外挂程序，那么引入光度数据的工作就和其他专业软件一样了：查找到灯具的光度数据文件，并把它引入软件中即可。

（6）结果准确

DIALux 使用了精确的光度数据库和先进、专业的算法。

5.2.2 软件界面介绍（DIALux4.11）

DIALux4.11 版本具有 Windows XP 的界面风格，并对图标栏做了有效调整，新制的总览表区内容更加齐全，对话框简洁明了，能有效地引导用户操作。所有这些改进都大大减轻了使用者的工作量，加快了设计进程。

DIALux 界面可分为四个主要工作区域（图 5-3）：组件区、总览表区、检阅区、CAD 窗口。

CAD 窗口不用多说是软件的模型操作窗口，其余三个部分接下来进行详细介绍。

（1）组件区

组件区的主要功能是显色设计方案中所有照明设计中所有的空间组件、设计对象及设计结果，相当于方案目录。组件区分为五大栏：设计案、对象（家具）、颜色（材质）、灯具选项、报表。

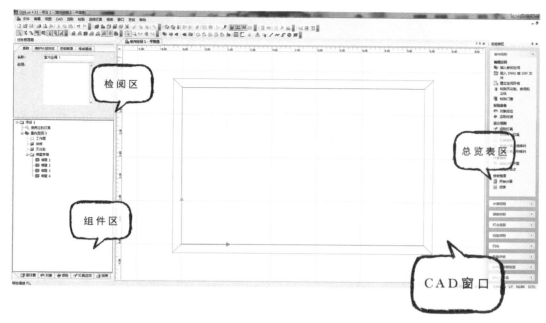

图 5-3　DIALux 界面四个主要工作区

① 设计案栏。设计案栏为试用装提供快速设计的方便，每个单项元件都能标选，在检阅区内查看其属性，并做修改。在灯具清单中列有所有在本设计案中计划使用的灯具，以及利用使用键从插件中挑选出来的灯具。同时，那些（暂）不用于该设计案的"候选"灯具也会列在此单内。若标选其中任何一个组件（用鼠标左键），其属性就会显示在检阅区中；只要在对象上按鼠标右键，则会出现下拉菜单（图 5-4）。

② 对象栏（家具库）。对象栏中包含了所有的空间所需组件，可利用鼠标的拖拽和置入功能，从家具库中选取家具，并放入设计案中（任何视图）（图 5-5）。

对象栏分成 9 个次目录：

a. 标准组件；

b. 空间组件；

c. 室外场景元素；

d. 体育馆；

e. 计算面积；

f. 计算点；

g. 计算网格；

h. Grids；

i. Furniture。

图 5-4　设计案

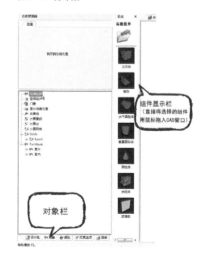

图 5-5　对象栏

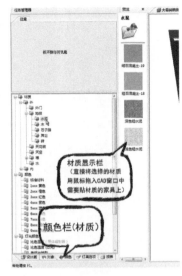

③ 颜色栏（材质）。颜色栏同样利用鼠标的拖置功能，来改变物体表面的材质和颜色以及灯具的颜色（图5-6）。在材质库，使用者可找到预设的贴图和颜色，当然也能管理使用者自己的材质。家具可从一个文件夹移至或复制入另一个文件夹。同样，使用者可设置新的，删除现有的文件夹。方法是在相应的输入或文件夹上使用鼠标右键。

选定一种材质时，检阅区中会出现该材质的预览图。反射度依据材质的RGB色光值来计算，也可任意修改反射值。重要的是要标明材质的实际尺寸。

④ 灯具选项栏。灯具选项栏包含了所有与DIAL公司合作的灯具厂商最新的灯具数据。DIALux会自动识别已安装厂商灯具数据的插件，插件也无须重新安装，只要双击插件就能开启（图5-7）。也可以从菜单灯具选择库中打开插件。未安装的、将其提供的插件安装于数据库目录的下方，只要在未安装插件上双击鼠标，就会在网页浏览器的窗口中显示灯具厂商的网站。一些厂家在此提供灯具或插件的下载服务。

⑤ 报表栏。DIALux报表栏是给使用者提供报表所需的内容，通过选项旁的方框，用红色打勾记号来表示能立即供使用者预览的报表参数内容；若报表旁没有红色小勾，则表示只能在计算以后才能得到（图5-8）。

使用者若要在屏幕上查看报表，请在相应的文件标记上双击鼠标。若要同时查看不同的报表，可点选报表标记后，再按鼠标右键，选取开启新窗口，来同时打开所有的报表。

若报表选项左边还有个打印记号，表示这些报表能通过菜单"文件>打印预览"或打印。

在CAD窗口中已设定的观察员位置将被采用在3D示意图的报表上。使用者也能将3D立体图保存为-jpg图形档案。将立体图旋转到使用者所要的位置，接着选择菜单中的"文件>导出>将CAD视图另存为图片"，然后选择保存位置和文件名称（图5-9）。

（2）总览表区

总览表区主要的功能是提示使用者各种照明设计所需的流程，帮助使用者快速完成设计。

使用者可以通过总览表区直接开启设计所需的工作步骤，作为一条贯穿设计案的"红线"（图5-10）。

（3）检阅区

检阅区的主要功能是修改组件区和总览表区所选对象的属性。只要鼠标选择一个对象，无论是在CAD视图还是在组件区，都能查看和修改对象的属性。但是，当一些数值呈为灰色时，则表示这些数值不能（或至少不能在此）改动。此外，软件输出时的报表、个人设计等都将显示在检阅区中来根据使用者的需要而设置（图5-11）。

图5-6　颜色栏
图5-7　灯具选择栏
图5-8　报表栏

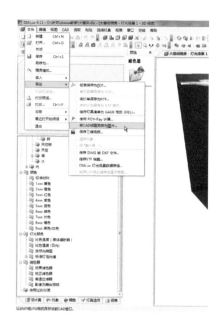

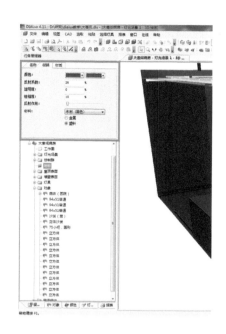

图 5-9　另存为图片（左）
图 5-10　总览表区（中）
图 5-11　检阅区（右）

5.2.3　编辑篇（应用过程介绍）

（1）建立新设计案

DIALux 每次只能开启编辑一个设计案，所以在设置新的之前，必须关闭已打开的设计案。打开 DIALux 软件后，会跳出欢迎界面，直接点击新的室内设计案（图 5-12）。在检阅区中，可输入设计案的名称及一般说明（图 5-13）。DIALux 会自动加上当天日期，但使用者也可自行输入日期。第二栏为使用者的联系人数据，该数据可自动取自选项设定，或由使用者自己输入。第三栏为地址，第四栏为设计案细节。细节内容则会出现在以后的报表首页。

图 5-12　建立新的空间

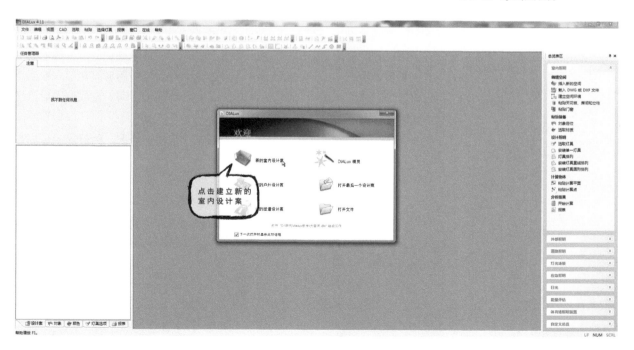

图 5-13　填写设计案相关信息

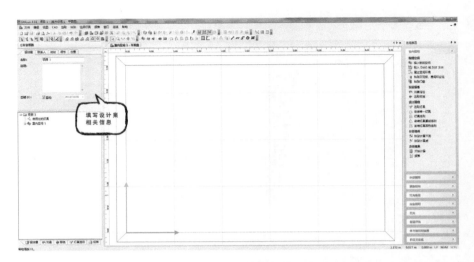

图 5-14　插入空间坐标

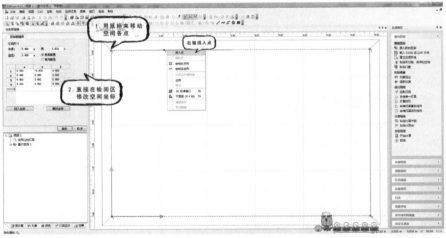

图 5-15　CAD 文件导入

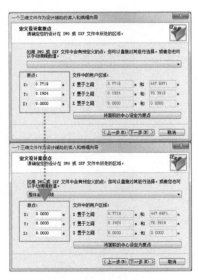

图 5-16　改变坐标原点

（2）编辑空间环境

在建立新的设计案之后，平面图会出现在 CAD 窗口的右侧，并在检阅区出现空间坐标。一般来说，空间的坐标原点定在左下角Ⅰ（x=0, y=0）。这里使用者能更改空间尺寸有两种方法。一为用鼠标来移动各点，或用鼠标右键来置入新点。二是在检阅区中修改空间坐标。当使用者直接输入数字到检阅区的表格后，按下 Tab 键，DIALux 会自动调整空间，完成输入后，按下确定键（图 5-14）。

① -dwg 或 -dxf 文件导入。为了精确的编辑空间环境，DIAlux 还可以从外部导入 -dwg 文件来进行精确定位。

方法是：文件 > 导入 >.dwg 或 .dxf 文件（图 5-15）。

点击以 dwg 或 dxf 文件后，会跳出一个要导入的 -dwg 或 -dxf 文件的编辑框，包括选择文件的单位和导入 DIAlux 的坐标，要注意的是将 -dwg 或 -dxf 文件的坐标原点改为（0,0,0），如图 5-16 所示，这样方便在 DIAlux 进行空间编辑。

② 修改空间界面材质。在组件区建立空间后，可以通过检阅区做不同的设定。在名称栏中能输入空间名称及说明文字。另外还能通过参考值来确定维护系数和设计系数。在空间表面，可指定天花板、墙壁和地面的反射属性

（图 5-17）。同时也可以从组件区选取单个墙面或天花，或者在 3D 视图中直接选取某面墙或地板，被选的空间表面（墙面或天花等）就会变成红色，只要选取了一个对象，它的属性就会显示在检阅区中，这样便可单个面改（图 5-18）。

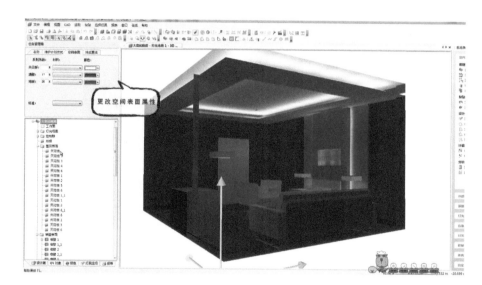

图 5-17　更改空间表面属性

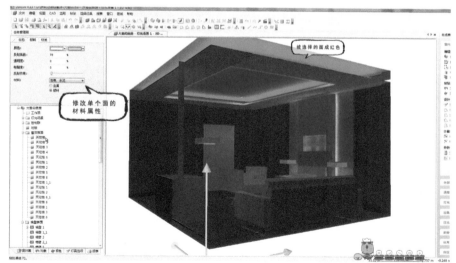

图 5-18　选择单个面

（3）查看空间环境

在 CAD 窗口中可以查看 3D 立体图，只要按鼠标右键，或按工具条上的立方形图标键（3D 标准图）；转动 3D 视面则用双箭头；另外，工具条上的放大镜表示缩放，带手的图标表示移动，带双脚的表示漫游方式查看场景（图 5-19）。

（4）置入空间组件

要置入空间先要从组件区的对象栏中点击想要的组件对象，在组件区的右边会显示所有组件图片，直接拖入 CAD 窗口（3D 视图或平面视图）。拖入之后可以在平面视图上编辑空间组件。尤其是对空间组件的比例缩放，在平面图内进行要简单得多，只需用鼠标比例缩放和转动组件即可（图5-20）。同时还可以在检阅区内利用数字输入对置入对象的属性进行编辑。如图5-20所示，先选取所需对象，再指定检阅区内的位置，然后对其参数进行编辑。

图 5-19 视图工具条

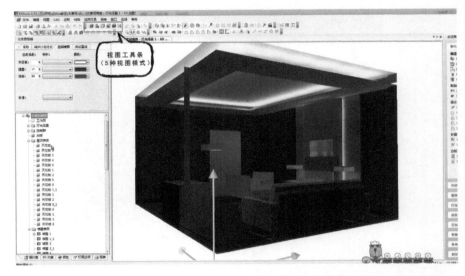

图 5-20 置入空间组件

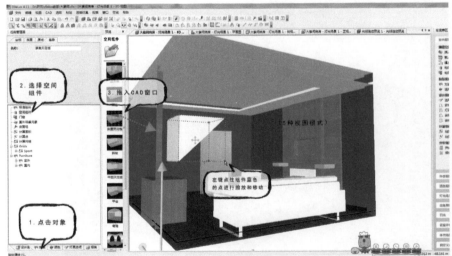

（5）置入家具

在对象栏中有 DIALux 内置的家具，与置入组件对象的方法一样直接点击所要的家具，从右边的窗口中直接拖入。门与窗也能用拖入的方式来被放入空间，并且只能贴在墙面上。

门会自动地垂直置放于离它最近的墙面上，窗也会自动进入墙面的正确位置，操作方便简洁。

当 DIALux 内置家具无法满足设计案的需求，也可以从外部导入组件。如 AutoCAD、–3ds 文件导入到 DIALux 里。

方法是：菜单文件 > 导入 > 读入和编辑三维模型（–3ds 文件）（图5-21）。

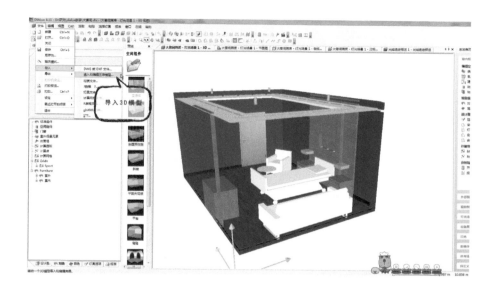

图 5-21　置入 3D 模型

（6）置入材料

　　跟置入空间组件一样，在组件区点击组件区窗口下面颜色一栏，窗口中会显示材质库，有分室内和室外，按照文字可以找到所需相应的材质图片，显示在组件区右边的窗口里。若只想为某个表面贴上材质，而不是所有表面时，可用鼠标选出该表面，在拖入材质时，同时按住 Shift 键。若在拖入时同时按住 Ctrl 键，就能为对象的所有表面都贴上材质。若材质没有被贴在正确的表面上，可以再对它进行更改（图 5-22）。

　　同样，当 DIALux 内置材质库无法满足设计案的需求，也可以从外部导入材质文件。DIALux 支持 –bmp、–dib、–jpg 和 –gif 等文件格式。 导入方法跟前面的导入家具差不多。这时 DIALux 会自动地将文件转换成需要的格式。材质的反射系数是以 RGB 值计算的，材质的预设尺寸为 1m × 1m。使用者需要根据组件表面的大小来检查上述两个数值，必要时并做校正（图 5-23）。

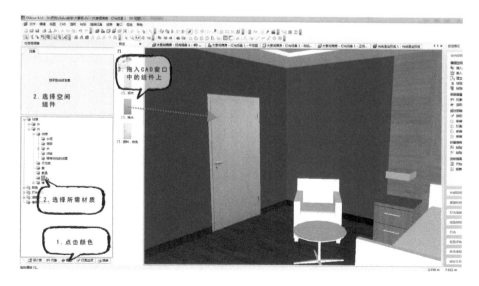

图 5-22　置入材料

图 5-23 导入材料

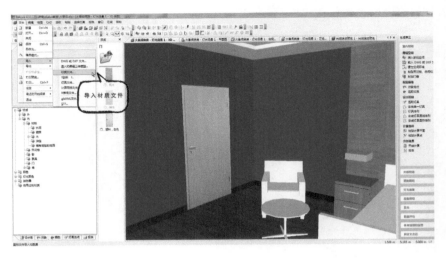

（7）复制整个空间

通常在照明设计的过程中，使用者要对同一空间做好几个设计方案，多次实验，这时，需要好几个相同的空间，在 DIALux 中用复制功能，能轻易地复制出一个完全相同的空间。首先在总览表区内选取预复制的空间，再按鼠标右键打开下拉菜单，并选取复制室内空间即可，如图 5-24 所示。

图 5-24 复制整个空间场景

请注意，复制空间时，所有与它相关的信息（如空间尺寸、材料等）以及被置入的灯具、家具等都一起被复制

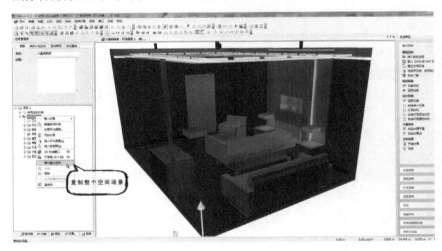

图 5-25 选取灯具

图 5-26 选择灯具栏

（8）安装灯具及排列方式

安装灯具在整个设计案编辑中是最重要的步骤，也就是所设计的照明方案的表达。首先，在总览表区内按下灯具选择（图 5-25），或是点击组件区的灯具（图 5-26），便会开启灯具库。然后，在灯具库中的 DIALux 目录下，使用者可看到已安装的插件目录。接着用鼠标双击任一厂家名，就会打开该厂家的插件。在未安装的插件目录下，出现的是尚未安装的厂家插件清单。用鼠标双击任何一个厂商名时就会进入该厂家的网站。在灯具库最下方的是使用者最近使用过的灯具。在厂商的插件窗口里，选择好所需的灯。最后，返回灯具栏后会发现刚选择的灯具会出现在"最近使用过的灯具"中。将需要的灯具拖到 CAD 窗口区即可（图 5-27）。

灯具的排列方法也显示在总览表区的设计照明中，主要有四种方式：安装单一灯具、灯具排列、安装灯具直线排列、安装灯具圆形排列（图 5-25）。

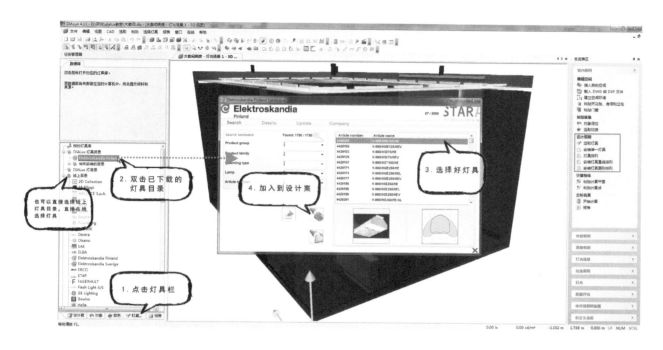

图 5-27　灯具选择过程

① 单一灯具。单个灯具能从灯具库或任务管理器中，利用拖曳置入的方式放入空间。在此只要将灯具从灯具库中拉进空间，松开鼠标（X 和 Y 坐标），灯具就会按相应的排列方式被置入空间内（图 5-28）。使用者也可以在总览表区按下安装单一灯具，在检阅区中就会出现一个对应的属性页面。在 CAD 窗口内，会在灯具排列周围出现一条伸缩线，如图 5-28 所示；属性页内显示起始值，属性页下方有粘贴和取消键钮。在灯具栏中，可选取要安装的灯具。如图 5-29 中灯具表中所列的，是那些已被用在设计案中的灯具，以及最近曾使用过的灯具。在安装选项中，可对安装做各种设定。

图 5-28　拖入灯具

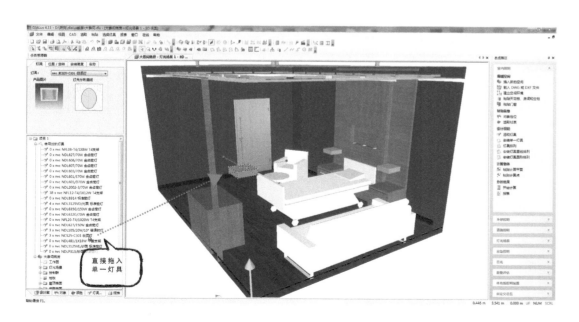

图 5-29 单一灯具

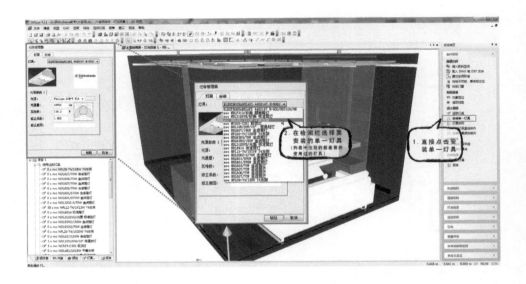

图 5-30 修改灯具属性

若要修改灯具的光源数据，必须先将这些灯具置入于空间。在任务管理器中，可以在相应的排列种类（这里单一灯具排列）下方，找到在排列中用到的灯具，用鼠标标出这些灯具，就可修改它们的技术数据，如图 5-30 所示。若在 CAD 窗口中标选多个灯具，则可更改所有被选灯具的数据值。

若要查看灯具的立体配光曲线，选取菜单视图，打开显示 3D 配光曲线分布的功能，或在工具条上点选相应的图标（图 5-31）。

② 排列灯具。在 DIALux 中，灯的排放能借助检阅区内的坐标输入来进行（图 5-32）；当然也可使用 3D 视图中的设置照射点的功能，来帮助在任意表面上排列单个灯具。在此标选出一个灯具，打开菜单编辑——设置照射点，或在工具条上选取相应的图标。

DIALux 对排列灯具做了进一步简化。除了按照 C0 – G0 进行排列外，照射点还可按 C90 – G0 或者按 Imax 最大光强度来排列（图 5-33）。在标选了要排列的灯具后，鼠标按下"设置照射点"的功能，然后在室内灯具应照射的位置（或家具）上按下鼠标，灯具就会自动瞄准该处照射。

图 5-31 显示配光曲线

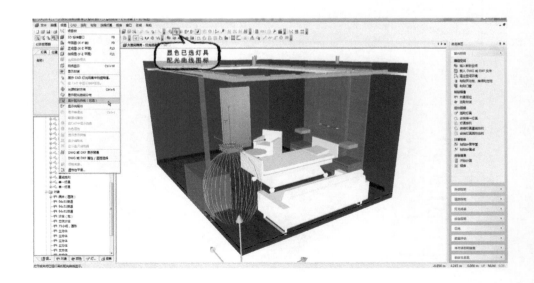

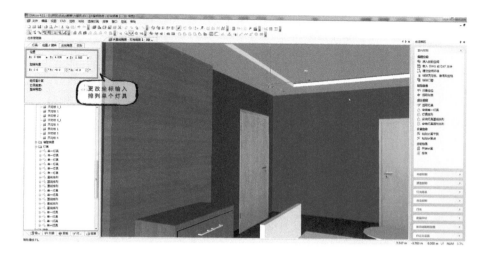

图 5-32　设置照射点 1

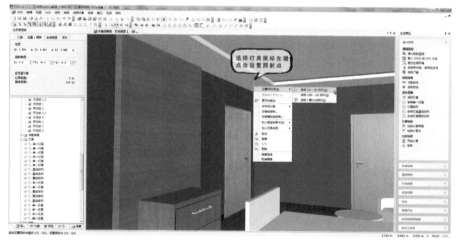

图 5-33　设置照射点 2

③ 安装灯具直线排列。使用者可利用自由排放灯具线。在置入一条灯具线后，可在图上改变其长度、位置或角度。并且用鼠标拖曳线条中间的十字记号，就能改变线条位置，但其角度和长度保持不变。使用线两端的蓝点，可对光束进行自由定位（图 5-34）。同时也能改变长度和角度，在此不需要在比例缩放与旋转两模式之间做切换。

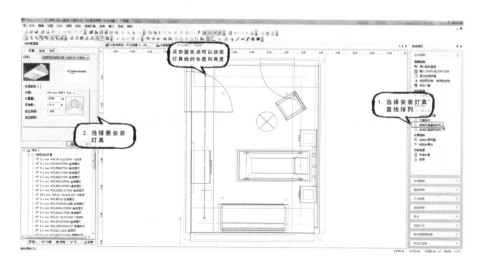

图 5-34　灯具线的比例缩放

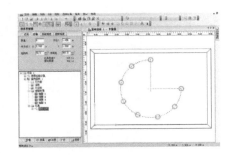

图 5-35　灯具圆形排列

④ 安装灯具圆形排列。对灯具圆形排列的操作与其他排列功能相似。所以在这里，仅对起始角度和末端角度功能做如下的补充说明。

起始角度为 0° 时，表示第一个灯具位于与 X 轴平行、中心圆点右侧、间距为 r 的半径上。然后以逆时针方向数出正数角度（> 0°）。若单个灯具不做旋转，每个灯具的 C0 面投射方向是从中心点径直向外放射的（图 5-35）。

5.2.4　计算篇

在完成灯具布置后，最后的步骤就是进行照度计算。点击报表菜单 > 开始计算或者在工具栏上找到计算图标后开始计算（图 5-36）。

在计算之前，通过对象栏，可以将使用者要计算的计算面、工作面、计算点或计算网格置入到 DIALux 里。方法很简单，选出所需对象，再用鼠标拖曳置入到 CAD 窗口中即可，可以在窗口中直接编辑大小位置，如图 5-37 所示。一般常用的是计算面和工作面。

图 5-36　场景计算

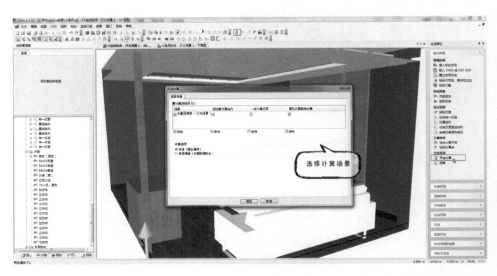

图 5-37　置入计算表或工作面

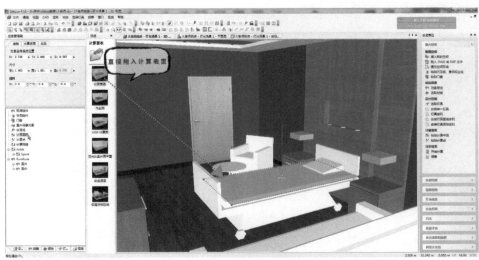

（1）计算面

计算面是指能测量光照度的区域范围，而且不会因阴影投射而影响配光。对不同的计算面，如使用面、医院病房中的阅读面等，各国标准都有明确的定义。在本例中，被置入的计算面呈现为一个透明面（图 5-38）。也就是说，若某表面为透明色，即表示它是能提供计算结果的表面。而隐藏的另一边则不会被计算在内。

（2）工作面

工作面是由两个计算分面构成的。依据 DIN 5035 T7《德国人工照明标准系列》和 EN 12464 标准《欧洲室内工作场所照明标准》，这两个部分分别定义为内部的工作区（Tast Area）和外部的环绕区（Surrounding Area）。

利用鼠标右键，能对这两个表面做多边形修改（编辑表面）。按照定义需符合下列条件：

① 两个表面处于同一平面；

② 整个工作区要时刻处在环绕区内部。

在报表中，这两个表面的等值线和灰阶图表会一起列出；此两面的点照度值和点照度表则会分别列出（图 5-39）。

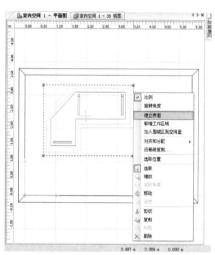

图 5-38　透明的计算面
图 5-39　编辑工作区或环绕区

5.2.5　计算结果与报表

计算完成后，DIALux 会显示被计算空间的 3D 效果图。不论计算前后，都能查看设计案的输出报表。那些与计算结果不相关的报表，可当即直接查看。例如，设计案的封面、灯具清单、灯具坐标、家具坐标、平面图等等。

但大多数的报表必须在设计案完成计算之后才能打开。若未计算就点选其中的报表 DIALux 会询问是否要先进行计算（图 5-40）。

（1）查看报表

若鼠标双击在任务管理器中所需要的页面，该页面就会显示在 CAD 窗口内。在此 DIALux 会区分屏幕报表和打印报表。屏幕报表供查阅结果和信息，且不受版面和页数的限制。大型表格能全部显示在屏幕上，并可用滚动条浏览，此处可用鼠标中键操纵移动即可。

图 5-40　显示报表

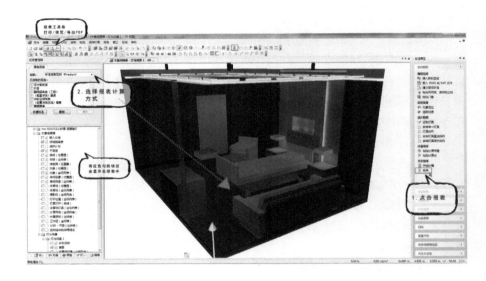

（2）打印阅览

使用打印预览，可看到报表打印出来的效果。要预览时，可选取菜单文件 > 打印预览，也可直接选择工具条上打印预览图标（图 5-41）。

（3）限定结果报表

视具体的空间表面而定，可以在任务管理器中对结果报表作限制。例如斜面屋顶会有许多表层，而这些表层并不需要结果报表，此时点击设计案中的对象，不勾选结果报表选项小格，这些表面就不会出现在以后的报表区中（图 5-42）。

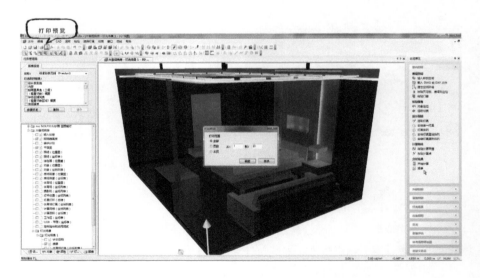

图 5-41　打印阅览
图 5-42　限制结果报表

（4）用户自定标准报表

使用者可在 DIALux 中选择并保存自己的常用报表。在此需在报表区中标选含有这些报表的存档目录。

先从主目录，即从设计案开始。在报表区中选出项目 1，若使用者想选择预设的标准报表，可从选项格名称中选出所需的标准报表。若想建立一个自己的标准报表，则在表中那些所需的报表旁的小格内打勾。请注意，窗体选项包含所有的报表选项，也包含那些次目录的报表选项（图 5-43）。举例而言，如果在这一级的目录中勾选的同时，也选取了所有次目录内的伪色表现图（将 3D 表现图用伪色来表现，用可定义的色层来表现照度和亮度变化，如图 5-44 所示）报表。

（5）保存报表为 PDF 格式

除了直接打印，为了方便携带及展示设计后报表的结果，也可将报表导出成 PDF 格式。在使用者勾选了所要的报表，并在报表边出现打印机符号，而且每个报表都按要求做了设定之后，选择菜单中的文件 > 导出 > 报表保存为 PDF（图 5-45）。

此时使用者要为 PDF 文件指定存盘位置和文件名。若设计案的内容较多，储存和建立 PDF 档案可能会需要一些时间，但是一般来讲，要比打印报表快两倍。

以上都是 DIALux 常用的功能，具体软件的每个功能用法可以上 http://www.dial.de/DIAL/cn/dialux.html 软件官网下载使用说明书。

图 5-43　建立标准报表

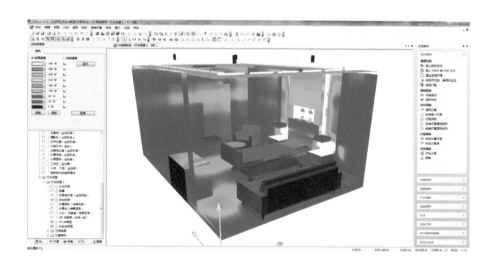

图 5-44　伪色表现图

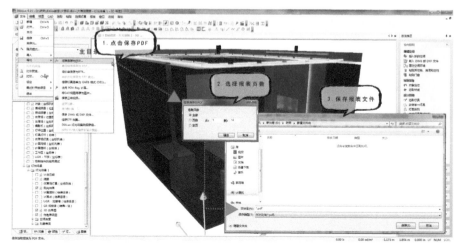

图 4-45　将报表导出到 PDF 文件

5.3 AGI32 照明设计软件应用

AGI32 是美国 Lighting analysts 公司出品的最专业照明计算软件，同时具有建模、计算和渲染三大功能。AGI32 正式版费用较为昂贵，在澳洲和美国的一些大学里较为普及，仅限于英文版本，国内使用者比 Dialux 少。AGI32 正式版可以到其官网 http://www.agi32.com/index.php 进行下载，可以有免费 30 天的试用期，目前最新版本为 AGI32 v14.4。

5.3.1 软件特点

（1）计算模式

AGI32 具有两种计算模式：一种是正常直接计算模式，只进行直射光的计算，速度快；另一种完全计算模式采用光能传递技术进行反射光计算，可以非常精确地计算出照度数据并渲染出亮度分布情况。

（2）计算点多而灵活

AGI32 包括了不同制式的水平照度、垂直照度、道路照度、光幕照明（Veiling Luminance）、细小目标可见度（STV, Small Target Visibility）和眩光指数（Glare Rating）。根据计算点的数据自动得出诸如照度均匀度、照度梯度等数据。

（3）眩光指数的计算

在日益重视照明质量的今天，特别在体育场馆的照明设计中，眩光更是一个非常重要的指标；AGI32 是第一个集成了眩光指数计算的软件。在照度计算点的数据基础上，软件可以很快得出眩光指数。

（4）建模能力

AGI32 在各种房间（室内）和建筑（户外）之外，还几乎可以建立任何几何物体。同时软件自带了大量的物件库，可以轻松调用。任何建筑或物体可以赋予各种色彩和反光率，甚至可以使用贴图，加上它本身具有光能传递和光影跟踪功能，因此可以渲染出逼真细腻的彩色画面，精确描绘了亮度的分布情况。这可是专业三维建模软件的特点了。

（5）AGI32 具有独特的日光研究功能

AGI32 具有独特的日光研究功能（这是其他任何软件没有的特别功能），可以研究照明在不同日光照射（晴天、阴天、半晴半阴天）条件下对照明的各种详细影响，而且会动态和实时在渲染时显示变化。AGI32 的日光研究帮助使用者计算和模拟在不同天气条件下的照度和亮度的影响，从而设计出最理想的照明方案，这是此软件的主要优势。

（6）渲染和输出

AGI32 的渲染引擎使用了光能传递技术，而显示则使用了 OpenGL 图形语言，赫然显示了其专业软件的大家风范。输出结果除了 –bmp 格式的图像外，更是可以得到 VRML 虚拟现实文件，可以在电脑上做全方位的自由转动，便于从各个角度观察亮度分布情况。这比三维效果图要生动得多，比三维动画具有更多的交互性，因为三维动画一旦输出，其视角路线是一定的，观察者不能根据自己的意愿进行浏览。

5.3.2 设计步骤

AGI32 是一个界面和操作上类似 AutoCAD 的软件，几乎所有功能都在对应工具栏上以图标的形式显示，当然您也可以在菜单中来选择相应命令（图 5-46）。

图 5-46 AGI32 的工作界面

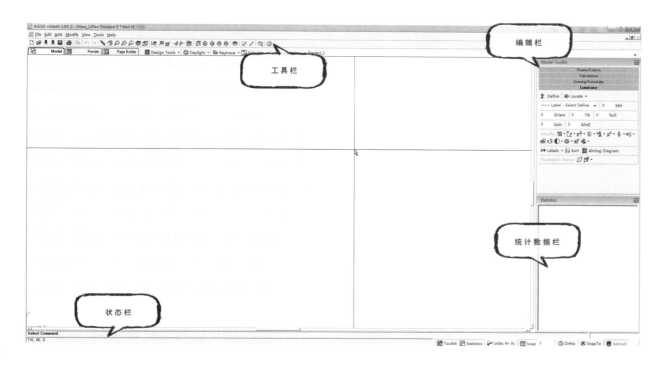

（1）选择计算模式

当新建一个项目时要点击工具栏上的 ▢（新建文件夹）按钮，创建新的项目文件。之后通过点击 ▦Calculate ▾（计算模式）按钮来任意选择计算模式。一般选择 Direct Calculaton Mode（直接计算）-AutoCalc On ▣ 模式比较省时。

在选择好计算模式之后，要查看一下当前单位，点击状态栏右下方的 ⚙Units: Ft- Fc（单位）按钮，选择 Meters and Lux（米和勒克斯）（图 5-47）。

（2）导入设计图纸

在创建要计算的照明空间时，一般要导入 CAD 图纸或 3D 模型，点击主工具栏的 ⬇（导入）按钮，选择 dxf 或 dwg 的格式文件（只支持这两个格式），点击 Ok 即可。

（3）创建计算格点

在计算之前，要在设计空间中添加照度计算点，一般要测量空间中的垂直和水平照度，点击编辑栏 Calculations 中的 ⠿▾（计算格线）按钮选择 2-Pt. Grid 的设定在空间中设计格线（图 5-48）。打开 2-Pt. Grid 后更改项目名称及格点大小，以及格点的高度，然后点击 Ok 确定（图 5-49）。点击确定后，回到视图窗口在图面上设置格线的范围。至此，计算格点设置完成。

图 5-47 单位

图 5-48 Calculations 编辑栏

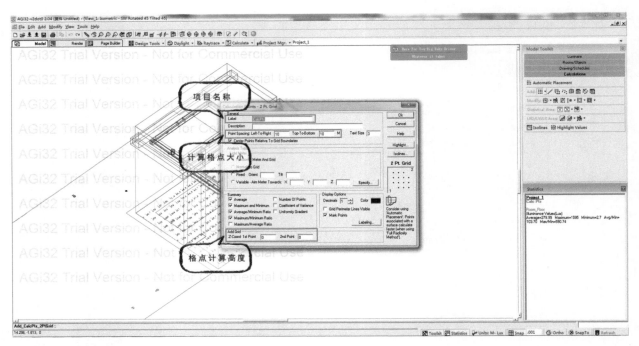

图 5-49   2-Pt.Grid 对话框
图 5-50   定义灯具

（4）定义灯具

在格点设置完成是选择灯具，点击编辑栏 Luminaire 的 Define （定义灯具）按钮进入灯具对话框（图 5-50），点击 Select（选择）按钮，出现 Select Photometric File 对话框（图 5-51），点击你要选择灯具的 –ies 文件，点击打开后会出现 Smart Symbols 对话框，编辑灯具参数，编辑完成后点击 Ok。回到定义对话框，对画框设置见图 5-52。定义完成后点击 Add/Redefine（增加 / 重定义）按钮，将灯具加入到灯具列表中，点击 Close 按钮，灯具定义完成。

图 5-51   Select 对话框

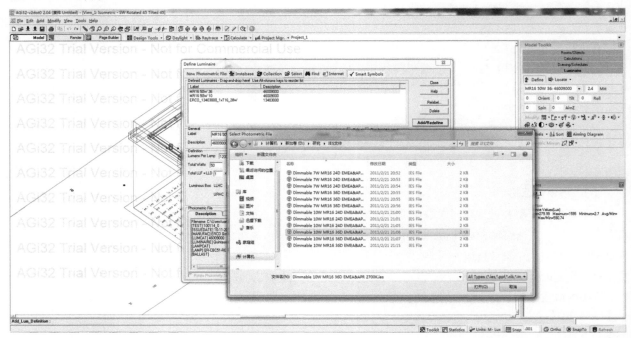

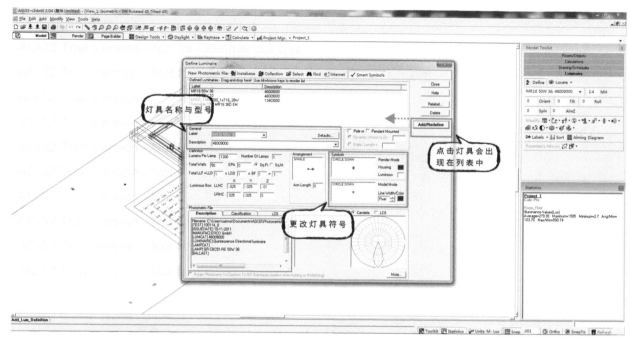

图 5-52　定义灯具对话框
图 5-53　灯具排列方式

（5）调入光源

设置好光源后，要将光源置入空间，点击 Luminaire 的 （放置定义灯具）按钮，照明灯具会被附上到光标上开始放置灯具。如图 5-53 中，Luminaire 编辑框中有各种布灯的方式，依次是：

排列灯具；

改变灯具安装高度；

复制灯具；

删除灯具；

移动灯具；

对称灯具（与复制灯具的功能类似，即将灯具按照设定的线对称位置再次布放）；

改变灯具面准位置；

调整灯具朝向；

打开或关闭灯具；

灯具模板（很有用的一个命令，设定好后可以显示灯具的配光形状，配合布灯）；

缩放灯具在视图中的大小；

将灯具分组。

（6）计算

在完成所有的布灯之后就是计算了，点击工具栏上 ▓ Raytrace ▾（计算）按钮，统计数据栏中会显示计算数据，如图 5-54 包括最大照度值、最小照度值及平均照度值等。

（7）打印

最后，准备好要选择输出的结果。AGI32 有本地打印机和网络打印机操作系统。设置文件打印机，格式和大小。在工具栏上的点击 🖶（打印）按钮，弹出对话框，出现打印机和纸大小设置。在选择打印机及纸张大小后，再选择印刷范围等。上述设置如图 5-55，点击 Ok，保存打印机的设置并输出图像。

图 5-54 计算

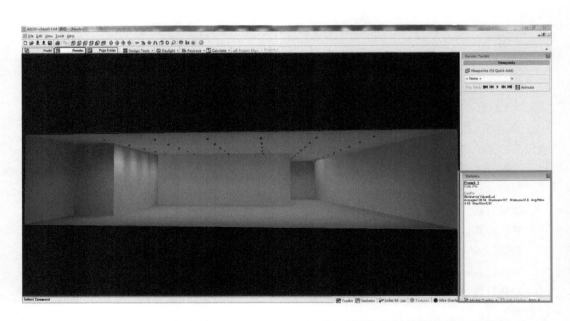

图 5-55 打印设置

5.4　DIALux 与 AGI32 比较

5.4.1　工作界面

相较于 DIALux，AGI32 的工作界面比较复杂，没有详细的界面分区，繁多的工具条。而窗口区域也仅仅是线形的表达方式，不如 DIALux 来的形象。将操作命令细化是 AGI32 的一个特色，比如作为计算这样一个过程，在 DIALux 中仅作为一个命令，而在 AGI32 中分成两种类型：一是不计算间接光的模式，每当改变方案可以即时得到计算结果，主要用于室外、或者是类似仓库这种比较大的空间，间接光是可以忽略的情况；二是完全计算模式，可以得到精确的计算结果。这两种模式可以根据设计者具体使用状况来选择。AGI32 甚至连灯具符号都可以根据用户的要求个性化定制，而 DIALux 追求简单、便捷，所见即所得，有强大的鼠标拖曳的功能支持，便捷的工具栏和属性栏，但在个性化上略逊一筹。图 5-56、图 5-57 分别为两个软件界面。

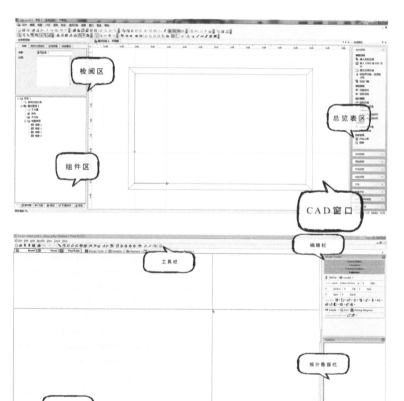

图 5-56　DIALux 的工作界面

图 5-57　AGI32 的工作界面

5.4.2　开放性

在 DIALux 的 310 版本中，可以导入 –3ds 格式的三维模型文件，而 –dxf 与 –dwg 格式的文件导入只能作为参考背景。AGI32 除了支持早期 –dxf 格式的 3D 文件外，同时能够导入 –dwg 格式的 AutoCAD 三维模型，导入后的模型将自动转为物体类型。

AGI32 可以同时支持实体模型和面模型的导入，而 DIALux 目前仅支持实体模型。从这角度来看，DIALux 的模型导入功能实际上受到很大的限制。

图 5-58　DIALx 合作的一些公司

5.4.3　使用范围

DIALux 和 AGI32 都将照明计算分成三类场景：室内、室外和道路照明计算。AGI32 需要根据不同的场景，在建立模型时设定不同的计算面。与DIALux 相比，AGI32 最大的一个优势就是有完善的日光分析系统。无论是室内还是室外的场景，AGI32 都可以进行日光计算分析，并且可以设置不同的天气类型、场地的位置即经纬度、日期、时间等。渲染的图片可以以一定的频率按序播放，这样很清楚地了解某一个时间段里日光对建筑的影响。

5.4.4　灯具数据库

DIALux 有众多的著名灯具厂商制作的插件用于支持其软件。在使用的过程中，这些插件不仅将灯具样本进行详细的分类，并且对几乎每个灯具有着详细的描述和数据记录，从光源、色温、配光曲线到样本的图片等，便于使用者进行查找。DIALux 同时支持 –ies 类型的灯具文件格式导入（图5-58）。

AGI32 的灯具库是以 –ies 类型的文件为基础。该文件格式是由北美照明工程协会制定的一种标准化格式，其中主要是以 ASCII 形式记录了某灯具的配光曲线的数据，另外还包括灯具测试的数据、生产厂商、采用的单位、亮度的设置值等（详细信息可以登录 IES 计算机委员会的网站 www.iesna.org)。

AGI32 也得到不少灯具厂商的支持，他们同样制作插件用于照明设计的使用。当用户使用这些插件时，同样可以得到比较详细的灯具数据资料。另外，AGI32 还有自发光的类型灯具模式，在进行适当的设置后，可以模拟一些自发光的不规则物体，例如霓虹灯、液晶屏幕或一些艺术品等。而这些效果如果单凭设置光域网格式的物体是很难实现的。在现今的照明设计当中，这项功能有一定的实用性，大面积的 LED 屏幕、各种类型的装饰灯和小品灯或多或少地影响光环境，在以前的照明计算里只能忽略或者估算，而在 AGI32 可以进行模拟，得到一个准确的结果。

5.4.5　建模能力

作为 DIALux310 RC 升级版，DIALux 提高了软件在室内照明计算中的房间建模的复杂性。通过 Room Element 中的各项建模元素，可以建立坡屋顶、有高差的屋顶、柱子、室内台阶及斜坡等形体。在模型方面，DIALux 许多家具可供选择，并且提供一些基本的形体，以供组合用户所需特定的样式。另外，DIALux 可以对墙面、地面、顶棚、家具等物体附着材质，除了软件默认的各种材质、颜色之外，允许将外部的图片作为材质导入。

AGI32 可以建立各种形状的建筑模型，如拱顶、圆屋顶、曲面、坡屋顶等。虽然操作方式较为简陋，但是它的建模能力相当出色，在 AGI32 中可以方便地对各种类型的模型进行修改：无论是房间、物体、建筑或是由 –3ds或 –dwg 文件导入的模型。在 1.7 的版本之后，日光系统有了很大的改进。它可以虚拟出各种的日光种类，包括室内外的隔断、天光、透明玻璃或毛玻璃的不同透射，甚至是一个完全的户外空间。这样，当日光穿过透明的材质进入一个空间时，可以精确地作为一个光学分布来计算。

图 5-59　渲染器 Pov2RAY 中渲染出的效果图

5.4.6　效果表达

DIALux 在其 3.10 的版本中引入了光影跟踪的渲染器 Pov2RAY，使得最后结果可以以逼真的效果图进行表达（图 5-59）。

AGI32 在完全计算的模式下，对计算完毕的文件渲染。AGI32 的渲染引擎使用的是辐射技术，来计算直接和间接光作用后的效果。这种方式和 Lightscape 渲染软件相同，在渲染前需要将所有计算面细分，细分的程度直接影响最终的渲染效果。

5.4.7　文本输出

DIALux 在文本输出上采取了 -pdf 格式的文件。修改、保存和打印电子文本十分方便。AGI32 的最终成果包括三部分内容：前两部分和 DIALux 相似，三维效果图以及报表。不过报表和 DIALux 生成的相比要简单很多，而且需要用户自行排版。

5.4.8　总结

DIALux 相对 AGI32 而言，有着人性化的界面，非常适合初用者上手，并且提供免费下载主程序、插件和帮助文件。各大灯具公司对其有良好的插件支持，每年都有许多新的灯具公司加入其中，成为很好的推广平台，而且 DIAL 公司也一心推广该软件，希望它能成为欧洲乃至全世界的通用软件。目前 DIALux 还存在一些值得改进的地方。

AGI32 也存在同样的问题。首先是在界面上有待改善，部分地方在操作时有一些缺陷，不是很智能化，比较死板，整体上与 AutoCAD、PS、AI 等大型的专业绘图软件相比还有较大差距，不过这本身也与应用人群的大小有关。当然，对于设计者而言，掌握这些软件并不困难，关键还是在于将设计与计算结合，使得方案更加科学合理。期待随着技术的发展，在今后推出的版本会更人性化。

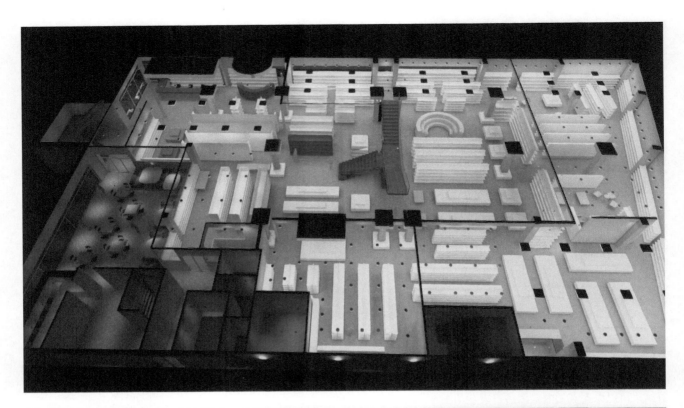

图 5-60、图 5-61、图 5-62   DIALux 效果图欣赏

思考延伸:

1. DIALux 软件的特点有哪些?

2. AGI32 软件的特点有哪些?

3. 通过软件的教程了解 DIALux 与 AGI32 专业照明设计软件的操作方法和设计过程。

第6章　室内照明设计应用

不同的场所对于光环境的要求也不尽相同，根据使用者生理及心理需求，创造出合理而美好的光环境是室内照明设计的任务。本章分为住宅、办公、商业、酒店、博物馆、图书馆、教堂空间七个部分，逐个分析这些日常使用空间的光环境设计策略及优秀案例分析，供读者参考。

6.1　住宅空间照明设计

住宅空间的照明环境主要是为日常家居生活提供功能照明以及轻松休闲的氛围。营造一个舒适完美的家是住宅照明设计的重点。

6.1.1　住宅空间常用照明标准

（1）住宅空间推荐光源

① 白炽灯。白炽灯在住宅空间的使用历史久远，它以优越的显色性和照明效果的营造常被用于居室的各个地方的照明，其温柔的光线可以演绎出舒适宜人的空间气氛，衬托出优雅香气的卧室、饭桌上美味的佳肴、光亮立体的卫浴。但是白炽灯的能量消耗的 90% 都是热能而非光能，随着全球环保理念的不断地盛行，各国政府也出台了很多措施，耗能大寿命短的白炽灯慢慢退出住宅照明被节能灯取代。

② 荧光灯。荧光灯是住宅空间中应用最广泛的光源之一。当人们开始寻找更加节能的照明方式时，荧光灯引领了节能的潮流。其超凡的色彩表现力和照明质感不容易在房间中产生阴影。当它在是室内空间使用时，只有 30% 的能量转化为热能，比白炽灯耗能更少。暖白色的光源适合客厅、餐厅、卧室、厨房、卫生间；而超过 5000K 的白色灯光适用于书房、客厅、厨房、卫生间、走廊、阳台等空间，当然也可以根据房间中不同的功能和个人喜好来选择。

图 6-1　住宅空间照明设计
　　普通简洁的空间在灯光的衬托下变得神秘浪漫

（2）住宅空间常用灯具表（表6-1）

灯具示意图	名　称	使用范围	特　点
	吸顶灯	厨房、阳台、浴室	通常是漫反射照明，光线柔和
	水晶吊灯	客厅	通常光线比较耀眼
	普通吊灯	餐厅、客房、卧室、储藏室	通常属于间接照明或半间接照明，光线向上分布，以免产生眩光
	壁灯	客厅、卧室、浴室	通常属于间接照明或半间接照明，固定在墙壁，光斑比较明显
	台灯	书房、卧室	适用于局部照明，光线向下分布，要求光源的照度和显色性较高
	射灯	客厅、书房	通常产生直接向下的光线，光斑明显，适合集中照明，容易产生眩光
	地脚灯	通道、楼梯、浴室、卧室	适合夜间安全照明，由于位置较低，光线向下分布，可避免眩光，光斑不明显
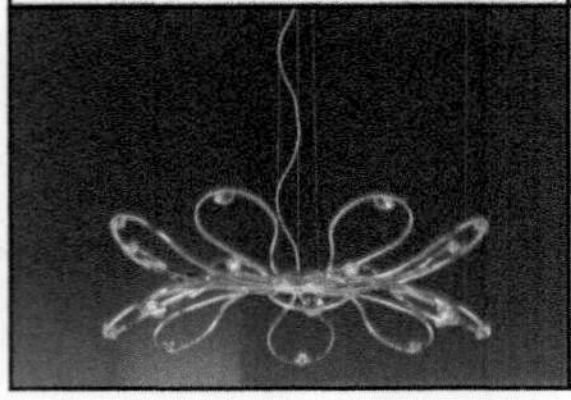	其他艺术灯具	居室中的任何空间	根据使用者的个人品味选择，属于局部照明和装饰性照明范围

表6-1　住宅空间常用灯具表

（3）住宅空间推荐照度表（表6-2）

表6-2 住宅空间照明表

照度/lx	适用时间段和空间
1500~2000	手工缝制时
750~1000	学习时、读书时
500~750	轻松阅读时、化妆时、工作时
300~500	进餐时、洗漱时、炊事时
200~300	家庭聚会时、游戏时
150~200	更衣时、洗涤时
100~150	一般照明（儿童房、浴室、衣帽间、正门门厅）
75~100	一般照明（餐厅、厨房、浴室）
50~75	一般照明（起居室、走廊、楼梯、车库）
30~50	一般照明（储藏室）
20~30	一般照明（卧室）
5~10	室外道路
1~2	深夜、防范照明

6.1.2 住宅空间照明设计方法

（1）客厅照明设计重点

客厅空间功能的多样性使其在住宅空间中占重要的地位，它就是一个家的门面。会客、看电视、聚会、读书等各种娱乐放松的活动都可以在这个利用率最高的房间中进行，所以客厅照明设计要满足各个功能需求同时富有艺术性，需要恰到好处地将普通照明、重点照明及情景照明结合在一起，营造出个性大气的氛围，就如同酒店大堂所营造的氛围一样。

一般客厅的主光源为大吊灯或吸顶灯，其他辅助光源如筒灯、壁灯、射灯等运用于普通照明和情景照明。而台灯、落地灯可以增添房间的层次感，营造温馨的氛围，隐蔽的射灯可以点缀房间中的艺术品，在这样的环境中，不由得让人想象在这温暖的灯光旁促膝长谈的情景。

图6-2 天花内及电视墙下的暗藏灯槽提亮了整个客厅空间，同时扩大了空间感，沙发后的折现装饰灯带增添了空间的个性，增加了客厅的纵深感

图6-3 吊灯、台灯、落地灯、壁灯营造了一个复古、低调奢华的客厅，充斥了温馨的气息（左下）

图6-4 台灯、吊灯、落地灯丰富了本来单调乏味的半封闭客厅，增添了层次感（右下）

图 6-5 简单的圆形床头灯增添了卧室的
温馨氛围还成为了卧室中的时尚元素

图 6-6 黄色和紫色的灯光为卧室增添了
不少情趣

（2）卧室照明设计重点

卧室空间是人们日常休养生息的地方，总体氛围要求安静舒适，照明相应更加惬意精致一些。

梳妆台、衣柜以及床头的阅读是主要的功能性照明，是卧室中最明亮的部分。其他部分可采用柔和的光线，尽量避免直射眩光。床头照明可以采用可调光，满足不同时间不同功能的照明需求和情绪。梳妆台镜子两侧可以排布均匀的光线，这样不会在脸上形成头投射阴影。

一般比较大的卧室会配有单独的更衣室，更衣室里的照明要求就是能使使用者清楚地分辨衣物的颜色。在天花上安装悬挂式或嵌入式可调节方向的聚光灯可以照亮衣橱里面的衣服，如图 6-7 所示。另外亦可以在衣橱内部安装照明光源，可以安装感应灯具，在橱门打开时亮起，关门后自动关闭。日光灯管是显现衣物颜色的最佳光源，还不会产生热量损坏衣物。

图 6-7 在天花上安装悬挂式或嵌入式可
调节方向的聚光灯可以照亮衣橱里面的衣
服

图 6-8 黄色和紫色的灯光为卧室增添了
不少情趣，衣橱隔板背后的灯管照亮了衣
橱上下的衣物

图 6-9 与更衣室结合的梳妆台，梳妆台
上方的灯槽均匀有效地照亮了梳妆台，不
会造成脸上的阴影

（3）厨房照明设计重点

厨房的照明需要无眩光、无阴影的常规照明，并且灯具造型应尽可能简洁，以便于经常擦拭。厨房照明需要分成两个层次：一个是整个厨房的基本照明；另一个是对洗涤、备餐、操作区域的重点照明。灯具底座要选用瓷质的并使用安全插座。如防雾玻璃或搪瓷吸顶灯是当今比较流行的常用照明灯具，可以配合橱柜中拿取物品相应照明。聚光灯可以在夜间配合操作台的功能照明，如图 6-10、图 6-11 所示。

图 6-10、图 6-11　厨房操作台上的聚光灯可以在夜间配合操作台的功能照明

（4）餐厅照明设计重点

餐厅是家人团聚，情感交流重要场所。温馨的氛围及美味可口的食物是餐厅照明的主要方向。

悬挂式的吊灯会让餐桌成为餐厅的主角，如果餐厅和厨房一体，使整个空间保持明亮整洁感，如图 6-12 所示。除此之外，餐厅周围墙面上的壁灯或是画灯在餐厅中可以起到增加层次，渲染氛围的作用，同时烛光也是最佳的就餐环境的制造者，浪漫烛光晚餐由此产生，如图 6-13、图 6-14 所示。

图 6-12　一盏餐桌上方的吊灯给这个空间带来了柔和的氛围，与室外的天光形成了对比，给餐厅带来了温馨的气氛

图 6-13、图 6-14 餐厅周围墙面上的壁灯或是画灯在餐厅中可以起到增加层次，渲染氛围的作用，同时烛光也是最佳的就餐环境的制造者，浪漫烛光晚餐由此产生

（5）书房照明设计重点

书房，顾名思义，是读书写字的居室，也是陶冶情操、修身养性的处所。从人的视觉功能和书房照明的要求来看，书房灯具的选择首先要以保护视力为基准。书桌的安放位置和电脑屏幕的位置尤为重要，尽量要避开直接照射而产生反光。通常书房的照明可以选用一个比较时髦的台灯放在书桌增添亮点，顶部的光源要考虑位置，不要在书桌上产生阴影，可以采用一些有角度或是有遮光板的间接型光源灯具。

（6）卫生间照明设计重点

卫生间是住宅内最私密的空间，并且比较小，但其照明环境不容忽视。白天，浴室应整洁、清新、明亮；晚上，则需要轻松、闲静和亲密。卫生间照明设计的重点主要是集中在梳妆台区域，由于有化妆功能要求，脸部护理区域对光源的显色指数要求较高，一般只能是白炽灯或显色性好的高档光源，如三基色荧光灯、暖色荧光灯等。为了避免对人脸产生阴影，使脸部能清晰地呈现在镜子中，一般会在梳妆台顶部会安装防水聚光的灯，并在镜子周围两侧150cm左右的位置安装壁灯来柔和脸部轮廓及提亮肤色，如图6-17所示。另外常用的方法是在梳妆台上方用间接光源的灯带，用来柔和脸部光线，如图6-18所示。

图6-15　天花的灯槽的间接光源提亮了整个空间，同时不会对书桌产生阴影并制造了舒心的氛围

图6-16　书桌上台灯为其提供了直接照明，不会使电脑屏幕产生反光。书桌上方书橱后的暗藏灯槽的光线柔和了空间的界限，扩大了空间感

图6-17　为了避免对人脸产生阴影，一般会在梳妆台顶部会安装防水聚光的灯

图6-18　梳妆台上方灯带的光线柔和了脸部光线，隐藏在镜子后方的灯带在视觉上起到了拉伸的作用，并照亮了死角区域的材质，产生了明亮而华丽的线条效果

（7）走廊和楼梯照明设计重点

走廊和楼梯是家中照明开关比较频繁的场景，所以要使用高效节能的泛光灯具。特别是楼梯要注意使用无眩光的灯具，避免使用聚光灯而产生阴影，整体照明要均匀明亮（图6-19）。

图6-19 阶梯旁的排列嵌入式壁灯给狭小的楼梯空间带来了一份乐趣，使上下级台阶连接在一起，仿佛引导人们走向书香世界

6.1.3 住宅空间照明设计案例分析

案例一：梁志天经典住宅设计

香港著名设计师梁志天设计风格的独特之处在于他主张把建筑与室内设计相融合，并且对空间的运用及美感营造相当敏锐。曾连续三年获室内设计奥斯卡之称——"全球著名室内设计师"的梁志天，有人称他是规划师，他有城市规划硕士多个学位；在他的经典之作碧海蓝天中很好地用"光"衬托了室内"横平竖直"的骨架结构（图6-20~图6-22）。

图 6-20 橙色灯带的设计柔和了空间效果

图 6-21 暖色的直接照明方式,使得餐厅更温暖,增添了人们的食欲

图 6-22 卧室中的照明全部使用了间接照明,营造了温馨舒适的睡眠环境

图6-23、图6-24　厨房与卫生间均采用
了直接重点照明方式，使得白色的环境变
得层次丰富

图6-25　客厅设计的用材和灯光设计相互
映衬，整体效果大气时尚

案例二：Mr. Iko's Project

　　在 Mr. Iko 的这个案例中，尽显了低调奢华的氛围，并且运用了很多艺术灯具。例如，电视机柜上的一盏艺术台灯使仿石壁的电视主墙为空间带来安详静谧的氛围；悬吊在客厅中央的太空椅后面餐厅的卫星造型的落地灯，与太空灯遥相呼应；再加上中式的餐椅、金银剔透的玻璃桌面、黄色复古的图腾墙纸、金属吊灯，温暖的光将它们揉进了这个餐厅空间，制造了强烈的视觉效果，赋予空间一种梦幻感（图6-23~图6-29）。

图 6-26

图 6-27

图 6-28　图 6-29

图 6-26　客厅的电视背景墙，在点缀的灯具渲染中，变化丰富，凸显材质之感

图 6-27　开放式的厨房餐厅设计，在局部照明的作用下，区域分明

图 6-28　黑色楼梯顶端的射灯，凸显楼梯的简约个性轮廓，更增添与花纹欧式墙纸之间的对比效果

图 6-29　黑色的烤漆玻璃，白色的顶底处理，开阔了走道宽度，现代时尚

6.2 办公空间照明设计

办公室照明设计中最关键的是怎样提高办公的效率，缓解员工的工作疲劳。除此之外，高质量的照明环境不但能够使办公室更美观，更提高员工工作的士气。让员工在舒适明亮的环境下跟同事、领导、客户更好地沟通与交流。

6.2.1 办公空间常用照明标准

（1）办公空间照明推荐亮度比

办公空间的亮度比尤为重要，关系到在人们办公的视觉舒适度，强烈的对比会影响人们的视力，增加疲劳感。平衡总体亮度与局部亮度的关系是办公空间照明设计的标准之一。办公空间推荐亮度见表6-3。

表6-3 办公空间推荐亮度表

表面类型之间	亮度比
工作面与邻近物体之间	1:1/3
工作面与较远的暗表面之间	1:1/10
工作面与较远的亮表面之间	1:10

（2）办公空间表面推荐反射比

办公空间表面材质的反射比同样影响着空间视觉的舒适度.降低的反射比容易使人们集中精神投入工作，不受周围环境影响。反射比较高的材质，如饱和度高的墙面色彩，少量的鲜艳色彩也可以增添办公空间的活力，运用在休息空间也是一抹亮点。办公空间表面推荐反射比见表6-4。

表6-4 办公空间表面推荐反射比

表面类型	反射比/%
顶棚表面	80
墙壁	40~70
家具	25~45
办公室机器设备	25~45
地板	20~40

（3）办公空间推荐照度和色温

在办公空间中随着照度的增加，越高的色温给人的视觉感受越明亮、清新、兴奋，于是对于办公空间的照明来说高色温是主要的要求，照度与色温适当的搭配可以有效提高工作氛围的视觉舒适性，观察力和沟通性，降低疲劳度，从而大大提高办公效率。照度与色温的办公空间最佳照明设计搭配，见表6-5。

表6-5 普通照度水平与使用色温

环境照度/lx	使用色温/K
100	2400~2900
200	2700~3500
500	3000~6000
750	>3000
1000	>3300

6.2.2 办公空间照明设计特点

办公空间的功能很多，如阅读、思考、电话交流、员工交谈、计算机操作及频繁的会议，照明的需求也就多样化。为了满足员工的工作需要就高效的工作效率，办公空间需要明亮、舒适、轻松氛围的照明环境，且最好能够一一照应到每项工作的个别照明需求。

（1）避免眩光

在办公空间中，避免眩光问题是相当重要的。反射眩光在遇到镜面或者黑色表面材质时会加剧眩光值，在这种情况下，将光源安放在工作面的后面或是侧面，可以减少反射眩光。像计算机这样竖向工作面的照明与桌面照明不同，一般使用间接照明可以减少反射眩光（图6-30）。

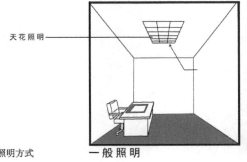
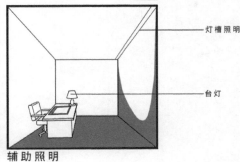

图6-30 办公空间避免眩光的照明方式

天花照明　　一般照明

灯槽照明　　台灯　　辅助照明

（2）绿色照明

办公室的工作时间一般在 9 点到 17 点不等，利用自然光照可以减少对人工照明的需求。因此，当自然光与照明控制系统结合起来，在自然光充足的时候利用控制协调调低或切断电力照明，可以节省大量的电能，保持亮度平衡。这是创造可持续的绿色办公照明环境的有效措施。

6.2.3　办公空间照明设计方法

（1）集中办公区

典型的集中办公区包含了行政办公区域、普通办公区域、服务区域等，它是一个开放的供多人使用的大空间办公区域。因此，通过照明设计要营造一个可以有效提高员工工作效率及生产力的舒适环境。在集中办公区域必须有效地避免电脑屏幕带来的眩光及提高人视觉的舒适度，通过均匀的照度和良好的显色性可以优化集中办公区的照明需求，满足不同功能的需要，给办公空间带来良好的工作氛围。

（2）会客区

会客区域主要的功能是与客户沟通，它包含接待区域、等候区域和会议大厅等。因此，会客区域要同时满足功能性和灵活性，根据人流大小和功能目的设计出不同的光环境，结合重点照明和调光系统突出舒适的交流氛围，创造与客户愉快会面的场所。

（3）个人办公区

单元办公区域是指供一人使用的独立办公空间。它具有一定的抗干扰和私密性，往往是供公司主管以上人员使用。个人办公室功能的设置的差别是根据使用者的职务、企业性质、装修标准而定，一般除了办公区还设有接待区，级别较高的办公室还有休闲区。由于经常会有客户洽谈或访问公司，所以个人办公室非常注重公司形象的美观和舒适的工作氛围。照明设计就要求有一定的装饰效果和艺术氛围这样较高的照明质量来提升公司的形象。

（4）公共区域

公共区域通常分为两部分：形象区域和功能区域。形象区域包括接待区、入口、大堂和展示区。该区域是对外的窗口，可以直接传递公司的形象，所以，照明设计配合展示企业文化的优越性，对光环境进行一定的艺术处理，采用重点照明对 logo 墙等形象区进行突出加强处理，增添视觉吸引力，同时，利用情景照明来渲染展示区的氛围。功能区域包括走廊、电梯间、楼梯和食堂等。该区域没有必需的视觉性工作，所以功能性区域只要满足最基本的照度。

6.2.4　办公空间照明设计案例分析

案例一：德国杜塞尔多夫天空大楼

德国杜塞尔多夫天空大楼高 89m，是杜塞尔多夫的地标建筑，这座办公大楼整体通透，人工光和自然光融合得恰到好处。照明设计师 Von Kardorff Ingenieure 设计了一种不同寻常的荧光灯装置，通过使得用以直接照明为主的方式达到低耗能，除此之外，非常易于安装的特性也使得不需要在建筑机构上额外费工夫。所有的设计和实施都采用简单的方式，让业主和使用者有充分的自由度和灵活度（图 6-31~ 图 6-34）。

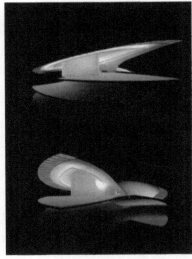

图 6-31 弧线形的设计及暖色灯光照明，配合开放的主入口区设计，大气而又具有亲和力

图 6-32 天空大楼示意图

图 6-33 办公空间局部照明设计情况，设计师利用了格栅装置和遮阳系统的搭配，营造了柔和的办公照明环境

图 6-34 展现了自然光与人工光的完美融

图 6-31	图 6-32
	图 6-33
	图 6-34

案例二：巴西圣保罗桑坦德银行总部

桑坦德银行总部由照明设计师皮里尼奥·高多耶（Plinio Godoy）设计。
高能效同样是这栋建筑的特点（图 6-35~ 图 6-37）。

图 6-35　高级经理会议室

　　通过玻璃外的盆栽阻挡部分阳光的直接照射及内部双层窗户玻璃上的向后反射系统，将日光反射到空间深处，空间亮度适宜，在人工光的作用下，更加满足开会等工作需求

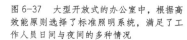

图 6-36　大堂整齐划一的简约灯具，成为了天花的点缀，也满足照明要求

图 6-37　大型开放式的办公室中，根据高效能原则选择了标准照明系统，满足了工作人员日间与夜间的多种情况

6.3　商业空间照明设计

商业照明设计是室内照明空间中相对比较复杂的设计，除了要考虑照明功能，还牵扯到美学、消费者心理学以及成本运算等，专业要求相当高。为了吸引消费者的驻足商店，激起消费者的购物欲望，照明设计成为了商业空间设计中重要环节。

6.3.1　商业空间常用照明标准

商业空间常用灯具见表6-6，商业空间推荐照度见表6-7。

表6-6　商业空间常用灯具

名称	使用范围	特点
吸顶灯	员工休息间、库房	采用节能荧光灯，显色性较好，使用寿命长
水晶吊灯	装饰性照明、等待区、收银台	属于装饰性照明灯具，吸引消费者进入店内
吊灯	环境照明	通常属于间接照明或半间接照明
光带	货架背景照明，更衣间环境照明	烘托商品照明，提供更均匀的室内光线
射灯	一般商品照明、重点陈列商品照明	通常产生直接向下的光线，光斑明显，光集中，
地脚灯	通道、楼梯	高度高于周边环境
其他艺术灯具	展示橱窗	应用艺术化照明，体现品牌的文化和内在价值

表6-7　商业空间推荐照度

照度/lx	百货公司	专卖店
1500~2000	重要商品陈列区、橱窗	重要商品陈列区
1000~1500	服务台、一般商品陈列	临街橱窗
750~1000	重点楼层、专卖柜、咨询专柜	入口、收银台、包装台、自动扶梯
500~750	一般楼层基本照明、自动扶梯、电梯	一般陈列
300~500	楼层基本照明、问询台	
200~300	洗手间、楼梯、走廊	
150~200	顾客休息区、更衣室	
100~150	库房	

6.3.2 商业空间照明设计原则

（1）普通照明

商业空间最主要的功能是展示产品及品牌的文化形象。因此，商业空间的普通照明要有均匀的照度和整体的视觉色调。在选择灯具时，要考虑灯具的特性，光的分布组合、造型等诸多因素，并且要结合商业空间中不同功能区域对照明设计的需求，将区域功能与照明效果对应起来，准确地把握照度和色温，呈现舒适整体的环境色调；并且要注意灯具的排列，安装的位置，保持空间的整体性，在商品繁多的空间中，以免造成视觉凌乱的感觉。

在商业空间中，低色温的空间比较适用于人流较少、比较私密的空间，如高档专卖店、画廊等，适合选择 2700K 的白炽灯或卤钨灯，配合使用筒灯可以均匀照度和防止眩光的作用。人流较大的大空间适合照度较高的光源，如大型商场、公共区域或普通商店等，可以是使用三基色的荧光灯或 4000k 的陶瓷金卤灯来提供普通照明，大规模的使用不会出现色差，稳定性好，光线柔和。

图 6-38 药房的零售空间

整体清爽的照明设计氛围符合该药房的清新简约的风格，墙面的内置的 LED 绿色图案更是体现其品牌的形象

另外，一般商业空间用灯量很大，据测算，照明设备本身只占到总体照明成本约 3%，灯具维护约 27%，而剩下的 70% 都用于电能消耗，为了节省能源，在满足照明质量的同时，应选择效率高、寿命长的光源才能节约成本节约资源（表 6-8）。

（2）重点照明

商业空间的重点照明主要用在商品的展示和重点装饰物上。环境当中光线对比度的高低决定了人的视觉在被照对象上的停留时间，在展示商品的过程中，对比度的强弱也不同，其功能也不同。低对比度可以将人的视线从非重点照明区域引入重点照明区域，起到引导作用。中对比度的重点照明可以使人的视线在被照范围内停留一段时间，起到视觉停留的效果。而高对比度能使人的视线长时间停留，仔细地鉴赏和观察被照对象，可以激起人们的购物愿望（图 6-39~ 图 6-42）。

表 6-8 办公空间照度及色温表对照

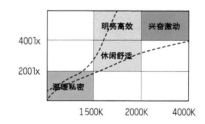

图 6-39、图 6-40　橱窗照明
　　橱窗照明是商店最出彩的设计之一，当橱窗的亮度要高于街道或走廊时才能吸引顾客流连，此外，符合其品牌形象的绚丽色彩更能引起购物欲

图 6-41　柜台照明
　　柜台照明不仅能够突显商品，并且可以弥补环境照明的不足

（3）情景照明

商业空间中的情景照明是起到画龙点睛的作用，除了强调功能性之外，提升商业空间的美感和购物心理是情景照明的主要目的。其手法各种各样，在普通照明和重点照明的基础上可以尽情地发挥想象创造特点鲜明的商业文化，后面的案例中会有体现。

图6-42　儿童商店
商业空间的环境氛围决定了顾客逗留的时间，图中明亮的空间，彩色的灯球微微发光使这个儿童书店充满了梦幻童趣

6.3.3　商业空间照明设计方法

（1）橱窗照明

橱窗是商业空间中代表性商品对外展示的空间。也就说明了橱窗中展示的是当季销售商品中最有档次、最凸显品牌形象的商品。因而橱窗照明需要有强烈的冲击力和体现商品特点的效果，要是消费者驻足停留和入店购买的欲望。所以，橱窗照明要有较高的照度，是周围环境照度的2~3倍，否则周围的环境光会使橱窗照明形成反光。

推荐照度 1000~2000lx ；显色性 Ra>80；色温 4000K 左右。

（2）化妆品、玻璃、珠宝展示区照明

化妆品、玻璃、珠宝等比较昂贵的商品比较适合色温较高的光源，所以需要合适的射灯照射，突出其闪耀、光彩夺目的商品特征。

推荐照度 1000lx 左右；显色性 Ra>85；色温 3000~4500K。

（3）饮料美食展示区照明

饮料美食的照度不宜过高，要创造舒适轻松的环境让消费者驻足休息的光环境。

推荐照度 500~800lx；显色性 Ra>80；色温 3000~4200K。

（4）收银区照明

收银区照明与其他销售空间的照明有所区别，特别是大型商场的收银区域，除了要有明显的导视标识之外，要给人以清晰、明亮的照明效果，方便消费者快速找到付款通道。

推荐照度 500~1000lx；显色性 Ra>80；色温 4000~6000K。

6.3.4　商业空间照明设计案例分析

案例一：资生堂银座店

资生堂银座店位于银座7-chome，在这座三层的楼的建筑里，每层都有着不同的主题，挑战的理念就是"照明让女人们看起来更漂亮"。这项照明设计由ICE都市环境照明研究所武石正宣负责，效果如图6-43~图6-50所示。

图 6-43、图 6-44 一层零售区域

一层的主题是"Beauty Marche"。这里是化妆品零售区域，照明设计师考虑了光线一天内的变化，以及如何使产品更漂亮。为了完成这一目标，最终用了混合使用白色 LED 光和白炽灯色的 LED 光。根据室外一天的光线变化，店内的照度和色温也跟着变化，光为整个空间提供了舒适的视觉环境，使顾客沉浸其中，流连于商品中间

图 6-45、图 6-46 二层皮肤美容咨询区域

二层的主题是"Pharmacy"。这层是"皮肤美容咨询室"。这里充满了资生堂的研发知识技术，所以这层照明的设计更讲究怎样漂亮地展示给人们，使得梳妆台和定制的台灯与每个小空间相匹配，成功创造了一个亲近舒适的空间（右图）

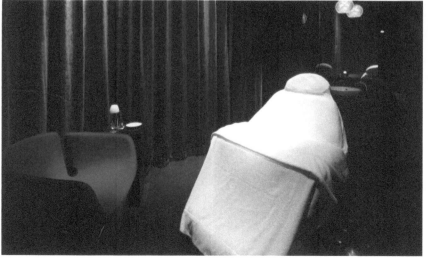

图 6-47～ 图 6-50　三层奢侈品牌区域

三层的主题是"圣神"。这层是资生堂奢侈品牌的专用空间，有一个沙龙，里面是私人房间，顾客可以体验全身治疗等辅导服务，所以此处的灯光体现了低调奢华的氛围，10000 颗施华洛世奇水晶被桌子表面衬托的晶莹剔透，体现了资生堂美丽圣殿的形象，优雅的闪烁完美地完成了照明让女人更漂亮的挑战

案例二：京站时尚广场 Q-spuare

我国台湾台北的京站时尚广场 Q-spuare 位于五铁公购物的枢纽，照明设计运用照明加强室内空间的整体概念，加强了整个楼层公共空间的统一性，突出了该商场的个性风格（图 6-51~ 图 6-54）。

图 6-51　Q-spuare 中庭

　　线性的 LED 光源突出了商场的个性化风格，随着扶手的亚克力板层中蔓延开来，提升整体效果，同时又不会抢了两侧专卖店的风采

图6-52、图6-53、图6-54　商品区、餐饮区、美食区等

　　各个区域的空间都有它们的个性，无论是白色栅格、弧形灯带，还是动态光影，都体现了此座百货公司的个性风采

6.4 博物馆空间照明设计

博物馆是一个国家综合实力的象征，是宣扬人文精神的场所。如今，参观博物馆、美术馆已经成为人们生活中必不可少的精神食粮。实物收藏、科学研究、社会教育通常被认为是博物馆的基本属性，这些属性反映出博物馆的功能相对复杂，那么对于博物馆室内的照明设计也必然专业化、多元化。所以，光环境是衡量博物馆水准的一项重要指标。博物馆空间照明设计的最根本要求是要有效地展示及保护展品，同时也必须满足参观者视觉舒适性的要求。

6.4.1 博物馆空间照明常用标准

（1）展品展示照明常用标准

在博物馆中，好的光环境不仅能显示展品，还能将展品的魅力充分展现在观众面前。展示空间光环境的好坏关系着博物馆的使用效果。衡量展示照明的指标包含了均匀度、对比度、显色性、眩光、立体感等，表6-9是部分国家及组织对博物馆照明质量的指标。

表6-9 部分国家及组织对博物馆照明质量的指标

国名及组织	CIE[①]	ICOM[②]	英国	美国	日本	澳大利亚	荷兰
均匀度	均匀	≥ 0.8	≥ 0.8	≥ 0.8	均匀	≈ 0.8	均匀
眩光限制等级	I 级	I 级	GI 为 17~18.5	I 级	I 级	–	I 级
光线的照射角	–	60	60	60	55	60	60
亮度比	3:1	3:1	3:1	3:1	4:1	3:1	3:1
立体感	–	–	矢/标量比 1:2~1:3	–	照度比 1:3~1:5	–	–
色温 /K	3300~5000	4000~6500	3300~5300	3300~5000	3300~5000	3300~5000	3300~5000
显色指数 Ra	≥ 85	≥ 90	≥ 90	≥ 85	≥ 92	≥ 90	≥ 85

①CIE: 国际照明委员会（Commission Internationale de L'Eclairage 的缩写）。
②ICOM: 国际博物馆协会（The International Council of Museums 的缩写）。

（2）展品保护照明常用标准

在博物馆中，展示收藏的都是世界文化遗产，所以在照明设计中要充分考虑到光学辐射（紫外线、可见光、红外线）对这些艺术品的影响与损害。表6-10~表6-12是博物馆展品照度推荐、展品光感度分类及照明光源中紫外线的含量数据。

表6-10 博物馆展品照度推荐

展品类别	照度推荐值
对光不敏感：金属、石材、玻璃、陶瓷、宝玉石器、搪瓷、珐琅等	≤ 300（色温 ≤ 6500K）
对光敏感：竹器、木器、藤器、漆器、骨器、油画、壁画、天然皮革、角制品、动物标本等	≤ 180（色温 ≤ 4000K）
对光特别敏感：纸质书画、纺织品、印刷品、树胶彩画、染色皮革、植物标本等	≤ 50（色温 ≤ 2900K）

注：摘自《博物馆建筑设计规范》（JGJ 66—1991）。

材料分类	照度限制 /lx	曝光量限制
不感光	没有限制	没有限制
低感光度	200	600000
中感光度	50	150000
高感光度	50	15000

表 6-11　按材料感光度分类的照度和年曝光量限制

注：摘自 CIE 的技术报告。

光源	UV/（μW/lm）	UV/%
白炽灯和卤钨灯		
1. IE 标准 A 光源（2850k）	75	1.7
2. 500W 白炽灯（2950k）	78	1.8
3. 100W 卤钨灯＋玻璃（3360k）	130	3.4
荧光灯		
1. 3500K	53	1.7
2. 4500K	72	1.7
3. 冷白（高光输出比）	125	4.0
金属卤化物灯		
1. 美标金属卤化物灯 400W	830	9.0
2. 美标金属卤化物灯 250W	630	16.0
3. 钪钠金属卤化物灯 175W	800	20.0
天空光		
1. 天空光玻璃	275	6.7
2. 天空光（5500k）	350	8.3
3. 全阴天＋玻璃	410	9.5

表 6-12　各光源的紫外线数据

注：摘自 IESNA RP-30-1996。

6.4.2　博物馆空间照明设计方法

博物馆的类型有很多，如综合类、艺术类、历史类或科学类等，无论哪种类型的博物馆的光环境都是围绕着其展示的展品而设计的，为了更好地使参观者与展品产生共鸣，整体的光环境对展示空间主题的烘托也是十分重要的。

（1）展示展品照明

参观者在博物馆展厅内研究、欣赏展品的过程中，展品的照明质量的优劣就直接决定了参观者视觉信息的接受质量。一般好的展品的照明质量需满足以下几点：

① 清晰勾勒展品的整体形态；

② 表现出展品的细节；

③ 准确表达展陈品的色彩材质；

④ 呈现出展陈品的立体感；

⑤ 展陈品可辨认和识别的程度。

基于以上几点原则,针对博物馆的展示陈列的类型,提出以下几个照明设计的方法。

① 平面展示。平面展示的展品通常包括绘画、印刷品、书稿文件和说明标签等,一般布置在垂直的墙面上。大量的平面展品会给照明设计带来一定的困扰,如果展示品的外壳使用亚克力或者是透明玻璃材料,灯具布置不当的话,其表面会产生许多难以控制的光幕反射,造成眩光对参观者造成干扰。因此,针对平面展品,一般会选择均匀布光方式进行照明。根据灯具安装高度和展陈品的高度,限制灯具投射的入射角和反射角范围,通常布光照明最合适的投射角一般为30°,这样可以避免产生眩光。

② 展示柜展示。展示柜也是博物馆室内展示的常见方式。展示柜为观众提供了近距离观看展品的条件,同时又对展品起到保护作用,防止遭到破坏或偷盗。展示柜通常有两种类型:独立柜和靠墙边柜,体积大小应展品而定,展品包含了珠宝玉器、金石器皿到衣物、书画等各种大小和材质的物品。展示柜照明一般会遇到以下几个问题:玻璃壁面的反射、参观者或展品造成的阴影、柜内的热量积聚。因此,展示柜内外照明的平衡很重要。

展示柜外照明方式一般应用在较为低矮的展示柜,当灯具安装在柜外时,应正对置于柜前,向前下方投射。若灯具位于其他位置,容易在柜体边缘和

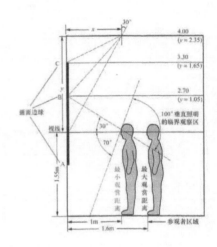

图 6-55　大幅尺寸的垂直平面展品照明安装示意

图 6-56　展柜照明指南

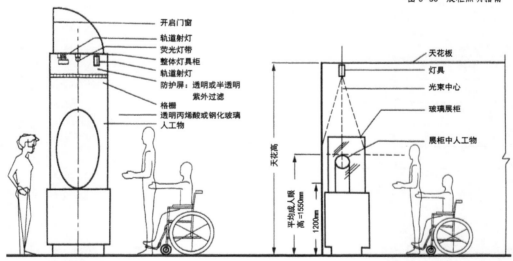

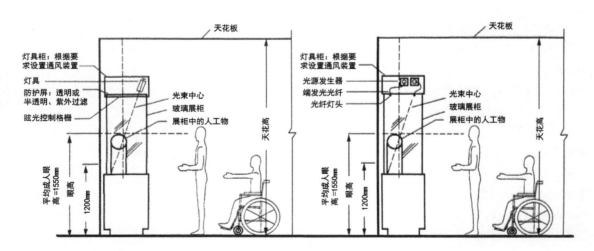

角落附近造成阴影。柜外照明会因为温室效应的作用,造成柜内温度升高,加装滤镜可减少此类现象。

展示柜内照明指的是在展示柜顶设有灯具夹层或者灯箱。主要目的是隐藏和固定灯具,为柜内展陈品提供照明。分为局部性灯具夹层和整体性灯具夹层两种。除此之外,可从柜内侧边、背面和底面的局部位置上,安装灯具,增加一些辅助照明,表现立体展品的材质和形态。这类照明可以强化陶瓷、玻璃和抛光金属片等材质肌理和质感。

③ 立体展示。立体展品的照明应突出展品的形态特征。因此,展品表面的光分布应形成明暗错落有致的效果,这要求选用多个灯具从不同方向进行投射照明。两点布光是立体展陈品照明的最基本光照方式之一, 采用一个主光和一个辅助光。主光对于形成一个清晰形象是至关重要的,它决定了展陈品光照的基本水平,而所有的其他光(辅助光、轮廓光等)都是基于主光的强度和位置起调节作用。

④ 布景展示。博物馆展示空间内常会设置一些布景展示,这些布景本身就是展示的主体,通常称为场景还原。这类布景的照明应尊重历史场景的原真性,也要满足基本的参观者视觉要求。黑夜、远古洞穴以及采矿厂,这些特殊场景原有的光照水平非常低,不能因为场景复原的要求,影响到观众的安全以及实际视看的需要。因此,在此类照明设计中常要做些妥协。布景环境以及布景展陈物的光照,可根据场景展示主题的要求和目的,综合运用平面展陈和立体展陈照明的光照方式进行设计。实现良好的展陈布景照明还需要注意以下两个方面。

a.隐藏灯具位置。为了最大程度减少对展陈布景真实性的影响,应当尽可能隐藏灯具以及其他与布景内容无关的设备。

b.照明控制。展陈布景往往会需要多种光照环境,满足展示场景光线变化的要求。因此,照明控制系统应当是可调的。通过自动或者手动控制,在预设的各种光照环境之间进行切换。另外,运用一些现代照明技术,代替布景中的原始照明手段(蜡烛、壁炉和煤油灯),来保证观众和展陈品的安全性。

(2)展示空间照明

博物馆展示空间的光环境设计要结合其建筑及室内展示设计,同时要平衡空间内自然光和人工照明。自然光不仅是绿色节能的重要措施,也满足人们生理和心理需求。勒·柯布西耶说过,"阳光是得到康乐的关键。"自然光如同弥漫在音乐厅中的轻音乐,可以将博物馆中的参观者带入博物馆的艺术氛围。在自然光环境中,人的视力更不容易疲劳;从心理角度来说,自然光的变化流动,给人带来安全舒适的心理感受,观看更加愉悦轻松。除此之外,在如今的博物馆中,光可能已经不再是配角,把光本身做成展示品比比皆是,如草间弥生的作品。

6.4.3 博物馆空间照明设计案例分析

案例一：旧金山当代犹太博物馆

2008 年 6 月，当代犹太博物馆正式对外开放，它坐落于旧金山下城区的中心地带，是新老建筑的结合，从大厅到展示厅，整个空间在光线、阴影、色彩和温度的交织下，体现了一种深度和张力，将建筑理念"生命"一词，体现得淋漓精致（图 6–56~ 图 6~60）。

图 6-57 天然光从各个四边形的天窗中亲洒而下，交织在偌大的空间中

图 6-58 天花内的轨道灯使照明方案可以随时调整，满足展示功能的需要

图 6-59 墙面上巨大的三维"信笺"象征犹太字母，暗藏的暖色荧光灯管将其衬托得尤为神圣

图 6-60 建筑表面的蓝色表皮由一种特殊工艺制成，在夜晚微微反射着城市的光彩。阳光可以通过立面上的天窗倾洒进馆内

图 6-57	图 6-58
	图 6-59
图 6-60	

案例二：新当代艺术博物馆

　　新当代艺术博物馆位于曼哈顿市中心，建筑总平将近 $60000in^2$（$1in^2=0.0929m^2$）。白色的立方体组合的错位设计为天窗、阳台创造了充足的空间，另室内空间更加通透、宽敞。内设有 4 个公共画廊，每个画廊都采用了自然光线和人工照明结合的照明手法。素雅的照明氛围与 SANAA 的纯净简单的美学完美融合（图 6-61~ 图 6-64）。

图 6-61　新当代艺术博物馆建筑夜景
　　"白盒子"耸立于完全不同的环境中，但又巧妙地融入周边环境，营造出一种饱满的视觉体验

图 6-62、图 6-63、图 6-64　博物馆展厅
　　有天然光的展厅，从白天到夜晚，慢慢地人工光成为主角

6.5 酒店照明设计

酒店空间的类型有很多，如度假型、商务型、公寓型、经济型等等，类型不同功能上也有着区分。但无论是哪一类酒店，舒适放松、亲切友好、优雅温馨的氛围是酒店照明设计的首要标准。

6.5.1 酒店照明设计标准

表6-13是国内为酒店空间照度推荐，表6-14酒店空间及色温对照。

表6-13 国内为酒店空间照度推荐

单位：lx

房间或场所		CIE	美国	日本	德国	俄罗斯	中国
客房	一般活动区	–	100	100~150	–	100	75
	床头	–	–	–	–	–	150
	写字台	–	300	300~750	–	–	300
	卫生间	–	300	100~250	–	–	150
中餐厅		200	–	200~300	200	–	200
西餐厅、酒吧间、咖啡厅		–	–	–	–	–	100
多功能厅		200	500	200~500	200	200	300
门厅、总服务台		300	100	100~200	–	–	300
休息厅		300	300（阅读处）	100~200	–	–	200
客房层走廊		100	50	75~100	–	–	20
厨房		–	200~500	–	500	200	200
洗衣房		–	–	100~200	–	200	200

6.5.2 酒店照明设计原则

（1）功能性

拥有众多功能的酒店空间，其照明设计也相当复杂，酒店空间涵盖了太多的功能划分，展示了千姿百态的风格。发挥照明的应有功能，并不是说就要过度使用人工照明。在酒店照明设计中，一些高档酒店照明设计存在着误区，不论白天黑夜，都用室内照明取代自然光。并且为了突出酒店的高端大气，将大堂的光环境渲染得璀璨辉煌。其实，人工照明只能模拟日光照明，不能取代。只有把日光和人工照明很好地结合，才能营造舒适的光环境，发挥人工照明应有的功能。同时，要通过照明设计凸显不同的区域功能。例如，接待区的色温应同室内入口处相同，这样可以衬托出接待人员热情的服务。而结算中心区域，对照度的要求较高，在整体大堂中就要显得非常亮。照明设计首先要满足酒店空间的功能性是最基础的设计标准。

表6-14 酒店空间照度及色温对照

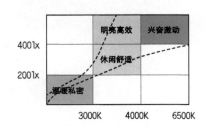

（2）艺术性

光除了有照明的基本功能外，还会影响人的感官体验和情绪。优秀的酒店照明设计能够使光成为室内设计的点睛之笔。可以根据不同风格不同功用的空间，发挥照明的艺术魅力，提升人们的心理感受。例如，在餐饮环境中的照明设计对营造舒适的就餐氛围就很重要。餐厅照明应该营造一种亲切良好的气氛，一般情况下，低照度宜用低色温光源。对照度水平高的环境，如入口大厅，若用低色温光源，就会感到闷热。对照度低的环境，若用高色温的光源，就有惨白的阴沉气氛。所以，在照明设计时，根据实际情况，选择色温指数也是关键。

（3）经济性

真正优秀的酒店照明设计，在满足基本功能的基础上，还应做到降低能耗节约成本。首先，酒店照明能耗一直是酒店的一项主要成本支出，所以在做照明设计之初就应该把照明成本控制放在首要考虑范围。建议在做照明设计时，可以从以下几个方面考虑：

① 合理使用高效率照明光源；

② 通过智能照明控制系统来实现时间段的照明节能控制；

③ 避免大堂空间整体通亮。

6.5.3　酒店照明设计方法

（1）大堂照明设计

大堂的照明设计主要分四个部分：入口及门厅、接待大堂、服务总台和客人休息区。

入口及门厅是反映酒店的档次和品位，给人第一印象的空间，并且是与大堂起到过渡作用的空间。它的照明应注意以下几点：

① 整体照明体现欢迎、高雅的格调和酒店的形象气质；

② 要对入口处酒店标志、雨棚、引导车道进行局部照明；

③ 留有节庆张照明电源，便于节日期间的装饰彩灯的安装。

接待大堂通常被设计成有一定高度的挑空空间来彰显酒店豪华高档的气势。一般高度若超过 6m，点光源配合窄光速的照明器具可以提供大堂连续、均匀和充足的亮度。如果不超过 6m，可以考虑采用线状或面光源的发光顶棚的设计。接待大厅的整体照度一般不低于 300lx，色调根据不同的风格和具体空间可以进行调节。宏伟大气的空间可以提高照度和色温，反之，奢华、品质感较强的空间可以选择略低色温的光源。灯具的选择主要根据室内风格而定，一般最好不要凸显除了装饰性灯具之外的功能性灯具，隐藏在装饰设计之中避免影响室内设计的格调，造成凌乱之感。

服务台是酒店服务的核心，所有占据大堂的最重要的位置，大量的书写、结算、问询等快速处理的工作都在此进行，所以它的照明设计除了与大堂整体照明相匹配之外，还要进一步强调亲切的氛围和好的服务品质。照度要求一般在 750~1000lx，色温 3000~4000K，显色性大于 85，清晰度是体现酒店各种认证、标识牌和服务员健康亲切形象的首要因素。

客人休息区的照明设计不用过分强调，它的功能主要是满足顾客短暂的等待和休息，一般照度在 200~500lx，色温 3000K 左右即可。

（2）餐厅照明设计

一般国内的酒店餐厅分为中式餐厅和西式餐厅两种，两种餐厅的照明设计也是主要根据中西饮食习惯和文化氛围的差异而不同。

中式餐厅通常用于商务或其他方面正式宴请，具有典型的中式文化的特点，明亮、愉快、友好且正式。中式餐厅的照度要均匀，除了点光源之外可以配合线状光源来增添空间层次，也可以选择与中式风格相符的艺术灯具结合餐桌位置均匀排列，强调餐厅的风格，增加就餐顾客的食欲。

推荐参数：普通照明，200~300lx；重点照明，400lx；色温，3000K 左右；显色性，Ra>90。

西式餐厅通常用于非正式的商务交流或是朋友聚餐，整体氛围往往比较温馨且带有西式风情。相比中式餐厅，西式餐厅的照度可以低一些，不强调整体空间通亮，但可以增加局部重点照明来增添亲切温馨的就餐环境和轻松的交流气氛，同时对装饰物增加局部照明可以渲染餐厅优雅舒适的风情。

推荐参数：普通照明，50~100lx；重点照明，100~150lx；色温，3000K 左右；显色性，Ra>90。

（3）客房照明设计

酒店客房空间是以客人休息为主，以阅读、办公为辅的场所。所以客房通常要塑造成舒适、轻松、亲切、安全的以人为本的空间效果。为了迎合客房的各种功能需求，可以根据不同的使用场合或时间，酒店客房照明可提供多种不同的场景模式。典型的四种照明场景模式为全开模式、工作模式、电视模式和阅读模式。这样不仅满足了客人的功能需求，增添家的温馨氛围，同时切换不同的模式还可以节省能耗。

推荐参数：普通照明，50~100lx；重点照明，300lx（梳妆镜、床头阅读、写字台）；色温，3000K 左右；显色性，Ra>90。

酒店空间客房照度及色温对照见表 6-15。

（4）酒吧、舞厅等休闲娱乐空间照明设计

表 6-15　酒店空间客房照度及色温对照

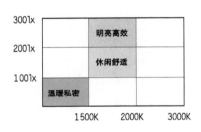

图 6-65　客房里奢华的家具、纤维织物和艺术品都是为宾客的放松而准备，照明设计谨慎地突出了这些华丽的物品

酒店的休闲娱乐空间包含酒吧、咖啡厅、舞厅、KTV 包间等，这些空间是酒店中让顾客最放松、最休闲的空间。创意和情调是这些区域的设计重点。一般使用相对较低的照度和色温比较容易让人放松身心。同时，娱乐空间的照明需要可以灵活变化，既要创造幽雅的环境，又可以变成活跃热烈的氛围，来满足不同时间、不同活动内容的需要，如展览、跳舞、唱歌时都需要适合的照明。

（5）走廊、楼梯间、电梯厅的照明设计

酒店的走廊、楼梯间、电梯厅是联系酒店其他场所的过渡空间。这些空间的照明设计只需要符合顾客能正常通过的需求。走廊、电梯间的普通照明一般可以采用筒灯、反光灯槽、发光顶棚、吸顶灯为主，电梯厅有充足的高度还可以选用与酒店风格相符的装饰吊灯，来彰显酒店的品质。另外，走廊还应设置应急照明和疏散指示灯。

推荐参数：走廊、楼梯间照度，50lx 左右；电梯厅照度，200lx 左右；色温，3500~4500K；显色性，Ra>85。

6.5.4　酒店照明设计案例分析

案例一：圣瑞尔酒店

圣瑞尔酒店位于大阪，其建筑和室内设计理念来自于安土桃山时期（早于江户时代）美丽的花朵理念。受禅宗的思想形式的影响，照明设计的关键词为"平静＋阴影＋好客"。每个空间被柔和的光线所包围，创造出舒适的光和影。调光系统也会检测白天日光的变化，并且相应进行调节，展现一个生态环保的环境（图 6-66~ 图 6-69）。

图 6-66　圣瑞尔酒店大厅入口
主入口，水晶色花朵的盆栽树欢迎着客人。日本式的美丽元素被整合进银箔色的镶嵌层、拱形天花板和周围网格中。这里使用了蓝色 LED，蓝色是代表四个季节的传统日本颜色

图 6-67、图 5-68 接待厅和休息室
　　使用调光系统可以调节室内照度水平，
将窗户反射降到最低，将室内外的照明环
境统一起来

图 6-69　法式餐厅
　　壁托架灯的大红色灯罩，柔和照亮的陶瓷壁龛以及浮雕的细节，都将此餐厅的室内突出出来

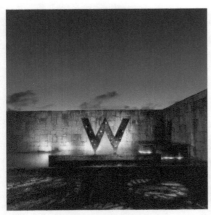

图6-70 充满星点的W酒店标志（"W"表示欢迎）

案例二：巴厘岛塞米亚克W水疗度假村

巴厘岛塞米亚克W水疗度假村将酒店业巨头与创意先锋W全球酒店的前卫的设计思想带入了巴厘岛。度假村由SCDA Architects、AB Concept以及Poole Associates Private Limited携手打造，创造出了一个充满矛盾而又和谐一致的低调、大气与内敛、活跃的"乌托邦王国"的夜色魅力（图6-70~图6~78）。

图6-71、图6-72 酒店大堂

大厅内透明的亚麻布随风起舞，手工编制的藤制品装点于四周，使得内外空间融为一体，浑然天成。在W休闲厅，海风拂过一面手工玻璃瓶构成的墙体，玻璃瓶上的片片贝壳低声"吟唱"

图 6-73、图 6-74　酒店酒吧

　　酒店酒吧引人入胜的背光酒吧体现了 W 休闲厅的精致线条及对传统设计的现代诠释，电子 LED 照明使得灯罩与周围的藤条装饰构成了宝塔形的美丽屋顶。切割成了叶脉形状的水磨石瓷砖在镶嵌其中的海贝衬托下闪闪发光，固定于手工打造的镀银叶状金属底座上方（左上、右上）

图 6-75、图 6-76　酒店的 SPA 休闲区（左下、右下）

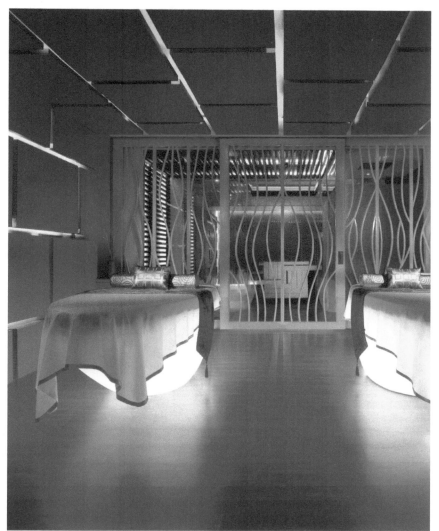

图 6-77、图 6-78　酒店的 SPA 休闲区及餐厅区

6.6　图书馆照明设计

图书馆包含了各种各样的功能空间，如阅览区、借书区、自习区、电子阅览区、办公区、成列展示区及人流通道等。一个舒适的光环境，不仅可以降低学习者的疲劳，使学习者的注意力集中，还能让学习者拥有欢快、惬意的心情，更积极地去学习。最值得关注的是图书馆特有的阅览区和成排的书架区。本部分主要讨论图书馆中的这两个区域的照明设计。

6.6.1　图书馆照明设计标准

（1）常用光源选择

图书馆空间一般在考虑到节约成本和能耗时，推荐采用三基色荧光灯，其具有光效高、显色性好、寿命长等特点，易于满足显色、照度水平及节能的要求。可用 T8 或 T5 直管荧光灯，并且应注意选择优质的镇流器，如采用优质电子镇流器或低噪声节能型电感镇流器，要求更高的场所宜将电感镇流器移至室外机种设置，防止镇流器造成的噪声干扰。

（2）常用灯具选择

图书馆一般选用限制眩光性能好的开启灯具或带栅格或者漫射罩、漫射板等型灯具，这样有利于改善学习场所的照明质量和节能，并且应与室内设计风格相协调。一些珍藏书库和文物书库选用过滤紫外线的灯具，以免书籍纸张老化。如果空间比较高，顶棚反射比高，可以悬挂间接或半间接照明灯具，该类灯具除了向下照射外，还有更多的光投射到顶棚形成间接照明，营造更加舒适宜人的光环境。另外，在书架区域，考虑到书架之间的距离和书架的垂直照度，选择具有窄配光光强分布特性的灯具，可以提高书架下部垂直照度。

（3）阅览室常用照度推荐

表 6-16 为阅览室常用照度推荐。

表 6-16　阅览室常用照度推荐

房间或场所	参考平面及其高度	照度标准值 /lx	UGR	Ra
一般阅览室	0.75m 水平面	300	19	80
国家、省市及其他重要图书馆的阅览室	0.75m 水平面	500	19	80
老年阅览室	0.75m 水平面	500	19	80
珍善本、舆图阅览室	0.75m 水平面	500	19	80
陈列室、目录厅（室）、出纳厅	0.75m 水平面	300	19	80
书库	0.25m 水平面	50	—	80

6.6.2　图书馆照明设计方法

阅览区是典型的学习空间，照明的效果一定不能造成工作面有眩光和阴影，所以灯具不宜布置在干扰区，易产生光幕反射。当桌面上的入射角落在学习者的视觉区域内时，就会发生光幕反射，在桌面上读写的视线角度基本上是 25°。避免眩光建议如下。

① 为整个阅览室中提供相对一致的照度，控制明暗对比度，不要使环境

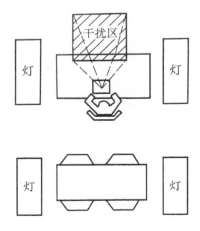

图6-79 反眩光的布灯方式

图6-80 球形建筑在夜晚成为城市独一无二的风景

图6-81 曲线形的阅览空间

光超过阅读学习区域（工作面）的亮度，一般为1:3。

②使用反射比为35%~50%的不光滑的书桌桌面，不要使用85%及以上反射比的去浅色明亮的书桌桌面。

③将灯具安装在阅读者两侧，避开眩光干扰区，对书桌形成两侧的透射光，效果较好。

书架照明设计的重点是书架之间的照明。现今很多图书馆书库的照明都是均匀的在天花上排布灯具，并没有考虑到书架的垂直照明，造成有的书架上方无灯，非常黑暗，看不清书脊，加大了找书的难度。图6-79为反眩光的布灯方式。

书架区的照明方式一般结合两种布灯的方法，其一是安装在书架行道上空；其二是安装在书架上形成一体。一体式的书架安装方式有较大的灵活性，不仅得到了良好的书架照明，也不会对旁边的阅读者产生眩光干扰。

6.6.3 图书馆照明设计案例分析

案例一：柏林自由大学图书馆

柏林自由大学（Free University of Berlin）的哲学系图书馆，由Foster + Partners团队设计，它以独特的半圆形结构出现，基本都是用钢筋和玻璃构成，一层很薄的玻璃纤维过滤膜可以均匀、柔和地过滤天然光的直射，让室内空间形成一种安静、纯粹的氛围（图6-80~图6-83）。这样独特设计的图书馆，被人们称为柏林的大脑，为柏林大学和柏林城增添了光彩！

图 6-82、图 6-83　图书馆公共阅读区域
　　通过金属板内层的玻璃纤维过滤膜阳光可以直射进来，夜晚还可以让室内的人工光线透射至室外，与桌面一体的台灯能够照顾到每个阅读者

图 6-84　西雅图中央图书馆建筑夜景
　　开放友好的设计使西雅图中央图书馆成为城市一道亮丽的风景线，晚上的图书馆像一颗闪烁的钻石

图 6-85　西雅图中央图书馆大厅
　　日光是西雅图中央图书馆一大特色之一，钻石形的玻璃内部夹层布满了小型遮阳装置的铝板

案例二：西雅图中央图书馆
　　西雅图中央图书馆位于市中心，是一幢由 11 层（约 56m 高）的玻璃和钢铁组成的建筑。复杂的建筑主体给照明设计带来了非常大的挑战，为了符合 LEED（Leadership in Energy and Environmental Design）银质的证书的要求，整个空间都降到了人工照明的耗能，所以设备，包括使用的金卤灯都使用特殊的节能镇流器（图 6-84~ 图 6-89）。

图 6-86、图 6-87　图书馆公共区域
　　大胆的色彩让人们心情愉悦，黄色线性荧光灯标明了自动扶梯的位置，从这里开始让人们开启图书馆的梦幻之旅

图 6-88、图 6-89　图书馆阅览室
　　阅览室的光线柔和，背光的聚碳酸酯天花板将光漫射到书桌和书架上，没有丝毫阴影

6.7　教堂空间照明设计

教堂是世界上历史最悠久的建筑之一，而光在教堂中释放出的神圣感和精神统治力延续到至今。西方教堂是神的居所，是与上帝交流的空间，特别是在哥特式教堂中光的神圣感尤为明显，因而被冠以"为了光而存在的建筑"。因此，以前教堂空间基本由自然光主导的，而形式多样的现代教堂更好地融入了人工光来配合自然光。

6.7.1　教堂空间照明设计特点

教堂空间照明设计最重要特点就是对昼光的使用，对教堂空间构思时，设计师应当以自然光为主，人工照明作为其补充。

现代教堂一般是一个多功能的活动场所，除了宗教礼拜活动之外，它同时还兼备市民公共的活动场所，还有一些重要庆典都会选择教堂作为举办场地，如婚礼、音乐会、节日庆典等等。所以按教堂功能性来设计光环境，以满足场地的灵活使用。

6.7.2　教堂空间照明设计原则

（1）普通照明

教堂空间的普通照明是为教徒和宗教领袖提供阅读的功能性照明。

（2）重点照明

重点照明一般聚焦于发言者、宗教领袖以及宗教器皿的照明 (垂直面)。

（3）情景照明

教堂空间的情景照明一般以间接照明的方式照亮天花或是顶棚，洗亮墙壁上的宗教装饰，以突出建筑的宗教特色，渲染宗教气氛。

（4）多功能照明

多功能照明是指用于宗教活动以外的活动照明，如婚礼、音乐会、节日庆典等，所以，教堂的照明通常利用照明控制系统来改变教堂空间的视觉效果。现代可调光控制系统把所有的照明设备都归类为各个控制回路，这样可以事先设定某些照明场景，只要按下一个按钮，就能获得预先设好的各种照度值。通常有以下几个照明模式。

①参观时间。当宗教空间向市民开放时，其环境照度可以降低，对祭坛等宗教特色区域进行重点照明。

②宗教服务时间。对教堂领袖位置进行重点照明，阅读照明加强，教众区域的照明减弱。

③布道时间。发言人被重点照亮，其他环境照明均维持低水平。

④重要宗教服务时间。下射照明和重点照明相结合，对准游行和聚集的人群。

⑤婚礼及葬礼时间。提供节庆及情景照明，同时对特定的仪式进行重点照明。

⑥重大节日或音乐会等活动时间。在表演区域提供较高水平的下射照明和重点照明，而在教徒区域的环境照明值较低。

6.7.3 教堂空间照明设计案例分析

案例一：Dientenhofen 教堂

Dientenhofen 教堂是一个长 25m、宽 20m 的建筑，设计为椭圆形，由教会建筑师卡尔·弗雷（Karl Frey）以及建筑师理查德·布赖滕胡贝尔（Richard Breitenhuber）、罗伯特·菲尔斯齐（Robert Fursich）所组成的设计团队设计。他们将教堂设计成双层外壳，第一层外壳由 384 片鱼鳞状玻璃组成，经过严格的测试来保证教堂的坚固和稳定。内层的外壳由 288 块手绘或者彩釉装饰的玻璃窗组成，这一层外壳并不承受载荷，而是让人与斑斓的色彩相亲近。此外，考虑到节能方面，他们设计了 6 个打入地下 120m 深的管道去获取地热，以用于供暖。教堂的屋顶则装有光电池系统，由此所获得的太阳能经过转化，可以满足包括电气设备在内的全部供电需求，使该建筑成为一个可持续的教堂建筑（图 6-90~ 图 6-95）。

图 6-90、图 6-91　当日光照亮整个立面，或是天阴内置灯槽亮起时，屋顶如同悬浮在空中一般

图 6-92、图 6-93 置身于教堂之中，日光透过层层薄膜，在复杂结构的过滤下，教堂内产生随早晚和四季而不同的气氛。不同角度的蓝色玻璃嵌在教堂的墙壁上，外界的光从玻璃中滤过射入教堂内，洗刷着这座椭圆形的圣地

图 6-94、图 6-95 建筑外层由 384 片鱼鳞
状玻璃组成，内层的外壳由 288 块手绘或
者彩釉装饰的玻璃窗组成，手工吹制的红
色、蓝色、绿色和金色的玻璃带来的这种
亲近感尤甚，对面的红蓝对应使教堂内的
空间和气氛能给人强烈的冲击，置身在斑
斓的色彩中，让祷告者可以自由地交流

案例二：曼萨诺母升天教堂

曼萨诺圣母升天教堂建于西班牙洪达日比亚区域政治和军事动荡时期。这个案例是在老的建筑加入新的照明设计，意在将原本黑暗的教堂环境转变为由人工照明重建的新环境，通过光使这座 1549 年落成的礼拜场所焕发出新的生命（图 6-96~ 图 6-102）。

图 6-96、图 6-97、图 6-98　曼萨诺母升天教堂内景

整个照明的重点放在了教堂中殿、圣坛和后面的屏风上，这个区域是教堂的主角，所有的焦点在此。定制的倒瞪满足了礼拜空间的功能要求，且无眩光。柱头上的灯具很好地衬托了建筑的顶棚造型，这个不大的教堂空间中，直接照明、间接照明、侧面照明和应急照明都做得恰到好处

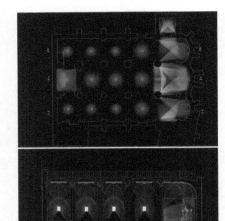

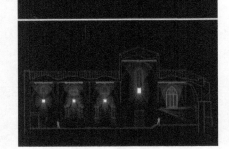

图 6-99～图 6-101　教堂照明设计布灯图

图 6-102　柱头上的灯具很好地衬托了建筑的顶棚造型

思考延伸：

1. 熟悉各个类型空间的照明标准。

2. 深入分析各个类型空间的照明设计的方法和特点。

第7章 室内照明设计的计划与程序

第1~6章已经介绍了室内照明设计中的基础知识和各种照明设计的思考方法，也列举了许多案例。本章将充分总结利用这些知识，将它们应用到实际项目操作流程上，进一步熟悉照明设计的任务。

照明设计往往是与建筑设计同步推进，包括制订方案、初步设计、深化设计、合同文件、施工推进及最后的验收。图7-1列出了整个照明设计项目从头至尾的发展流程。每个设计项目都有特定挑战和制约的因素，因此设计是一个不断反复的过程；根据项目的大小，设计者可以合并或省略其中的一些过程。

图 7-1 照明设计项目流程

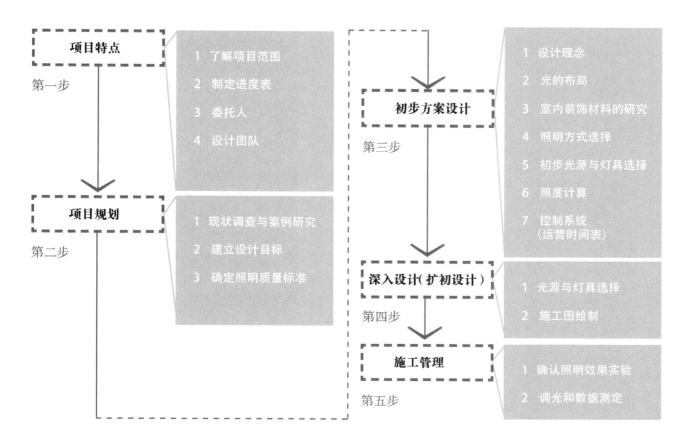

7.1 项目特点

7.1.1 了解项目范围

在整个项目开始之前，要充分了解照明设计项目的面积大小、设计范围和设计类型。

项目的面积直接影响到设计空间的风格和经济的收益，通常越是规模大的项目，带来的收益越多。同时，大项目需要规模大的工作团队、大量的设计、更多的规范和维护，对设计师的要求较高，也是对设计师的挑战。

在很多室内照明设计项目中，不是所有的空间都需要设计师来设计，要了解委托人的委托设计的空间，不要盲目设计，以免造成不必要的人力物力的浪费。

项目中空间类型也很重要，设计师可以初步了解照明设计需要的视觉要求和风格确定。

7.1.2 制订进度表

不同的设计阶段，设计者面临的问题不同，制定设计进度表对于设计者在不同阶段的表现至关重要；时间的安排直接影响设计者的设计质量，时间的紧迫会限制设计者对资料的充分熟悉和多方案的推优比较。

7.1.3 委托人

对客户的了解直接影响照明设计的成功与否。一般需要专门的照明设计顾问的都是大型项目，这时候，往往委托人可能是建筑师、开发商、工程师或者使用公司的经理或总裁，和实际用户关系并不密切，在理解委托人提供的照明要求时要特别注意，他们的要求往往不能很好地代表用户的需求，开发者的预算与用户预想的需求和效果很难达到平衡。此时，为了更好地理解用户的需求及委托人的信服，要多问委托人一些关键性的问题，谨慎地提出规划方案。

7.1.4 设计团队

照明设计一般只是项目的一部分，在一个大型项目的系统中包含了一个庞大的团队，较为典型的是由用户代表、业主代表、建筑师、电气工程师、室内设计师、照明设计师、暖通工程师、消防顾问、声学家、结构工程师及施工监理构成。这个团队的责任是突出用户和工程上的技术问题，忽略某些学科的代表或脱离他们的参与，就可能在设计过程中受到阻碍，最终会造成项目的损失和不理想的设计结果。如果照明设计者不具备供热、通风工程师的知识，并且不及时与工程师沟通，很有可能在灯具安装和排线的时候没有预留空间或不具备通风功能。团队的每个成员的责任就是需要共享自己的才能与知识，处理好委托人、技术和自身的任务。

7.2　项目规划

在设计过程中，最初的设计规划是最难也是最重要的部分，要理清问题，找到恰当的解决方案。首先，是要明确设计任务的目的和目标，以及归纳有利因素和制约因素，做一个项目规划。

7.2.1　现状调查与案例研究

无论是室内还是室外的照明设计项目，在开始着手设计之前，要了解建筑各方面的特点，了解使用者、业主和其他参与项目室内外设计的设计师，这有助于照明设计者设计出合理的方案。所以，现状调研起着重要的作用。调研的内容一般包括室内空间的尺度、功能的划分、空间形式组织、空间界面材料、室内陈设、原有的光环境以及使用者意见、业主意见、其他参与项目的建筑师或室内设计师的意见。在完成这些调研之后总结成报告，与工作团队分享并进一步分析其优劣，以便之后有效地利用照明设计对室内空间进行合理的调整与完善。

7.2.2　确立设计目标

在完成目标空间调查和业主的需求的基础工作之后，照明设计者就要提出一个设计目标。设计者需要针对不同的功能空间进行照明分析，对空间照明总体定位。表 7-1 列出了照明设计目标分类。从表中可以看出照明目标的建立是在实现人与光的关系基础上建立的。除了一些规范的内容，其他都需要相当的研究和思考才能解决。从满足功能满足到心理需求到融合空间，对空间进行细致的分析才能设计出出色的照明效果。

表 7-1　照明设计目标分类

类　　别	情　　形	照明设计的目的
空间因素		视觉环境的舒适度 空间物体影像清晰度 空间维数（三维、二维） 循环 激动灵活性 控制调节 声学因素 供热、通风与空调 天花板体系 规范准则 条例 支撑能力
人的心理和生理因素		感官响应 视觉层次和中心焦点 视觉上的吸引力 主观感受 日色光 夜色光 健康状态
作业因素		视觉作业 亮度 表面反射系数 表面发射系数 照度

7.2.3 确定照明质量标准

确立目标之后，根据不同室内空间的使用要求，查阅相关的规范和标准确立空间的照度值，以及与照明发生关系的空间造型、家具、界面材质的物理属性，了解其材质特性、光反射率，以便规划出合理的亮度分布，有助于在之后的初步方案设计中选择光源和灯具。

7.3 初步方案设计

制订了项目规划后就要制订光环境的具体构思，从计划阶段到设计阶段推进。

7.3.1 设计理念

在初步方案设计阶段的第一步是提出照明设计的理念，也是就概念设计。在设计理念中表达出光能够给每个空间带来什么？光是怎么强化设计师要表达氛围？每个功能区域需要怎么样的氛围？提出设计师的理念，用草图或意向图来构思设计方案。

7.3.2 光的布局

设计理念定下后，接下来是对光的布局进行划分。所谓光的布局，指的不是照明灯具的配置，而是照明效果的设计，如照度、亮度、色温、光源的高度。在实际操作中，可以设计几种方案，然后运用软件 DIAlux 或者 AGI32 中分析其照度分布与色温分布，如图 7-2、图 7-3 所示，关于照度的布局和光源高度的分布，可以用立面和剖面中体现。

图 7-2 灰阶等照度图
图 7-3 伪色图

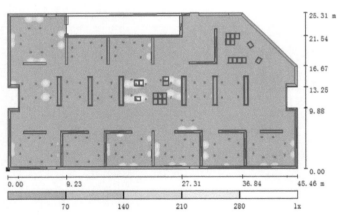

7.3.3　室内装饰材料的研究

在设计光的布局时，要充分考虑到受照面或物体的材质的反射光，特别是在室内照明设计中，这关系到光在空间中的均匀度。在研究材料时，先从地面、天花和墙面三个方面的材料入手，因为这三个界面面积最大，直接影响到空间强度的计算。其次是构成空间的装饰材料，包括窗玻璃、家具等构成空间的各种陈设的材质，其颜色、反射系数、透明度都会影响照明的效果和亮度。

7.3.4　照明方式选择

照明方式在第 5 章中有详细介绍，根据前面光布局和材料研究选择相应的照明方式，确定是使用普通照明、重点照明、情景照明还是混合照明方案。结合空间的造型和氛围的设定，选择功能和美感体验相平衡的方式。

7.3.5　初步光源与灯具选择

在初步设计阶段，一般从天花布置图开始进行大致的布灯，结合天花布灯再绘制平面布灯图。布灯时要考虑照明方式、平面布局的形式美，同时还要考虑避让空调、新风、消防系统等其他安装工程结构位置。

7.3.6　照度计算

照度计算是和灯具选择同步进行的，灯具是否达到照度要求，其工作效率、密度、形状、色温等因素是否符合预想设计方案的效果都需要通过照度计算来做比较与定性。照度计算应用的软件和使用方法及要点在第 4 章中有详细的介绍。

7.3.7　控制系统（运营时间表）

在室内照明设计中常常会出现不同时间不同的照明场景，特别是在酒店、剧院、商场等空间。商场在工作日和节假日所需要照明氛围不同，就会出现不一样的光环境。另外，每天时间段不同，需要的照度需求不一样。这时，就需要根据时间运行表来选择照明控制系统（3.3 部分中有详细介绍）。

7.4　深入设计（扩初设计）

在完成初步方案定案后，下一步就是绘制详细的设计图纸，进入方案深入阶段。

7.4.1　光源与灯具选择

在方案深入阶段，为了确定最终的照明效果，设计师一般会做一些试验来选择最终的灯具。在室内照明设计中，由于整个项目控制的时间比较短，很少做整个的建筑实物模型，这样比较费时间。设计师一般会直接到施工现场直接在布灯位置进行试验，用不同的灯具做对比，如果没有条件去现场（因为建筑设计、室内设计、照明设计三者可能同步在进行，建筑施工还未完成，无法进入现场），设计师可根据室内设计方案，找到相应的空间及相同的材质界面，进行灯具的试验。这样的测光试验适用于一些特殊的照明效果，有助于帮助选择灯具，弥补计算机上不能达到的一些特殊效果的计算（图7-4）。

图7-4 现场灯具试验

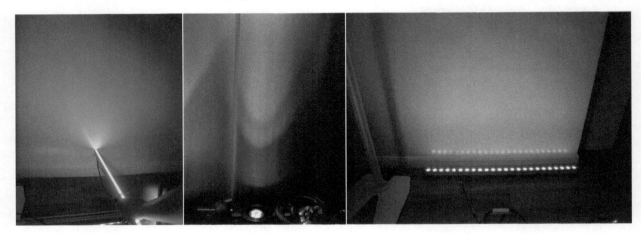

7.4.2 施工图绘制

在完成灯具实验之后，要在CAD图纸上完成布灯图、灯具控制图及安装节点大样图。

布灯图中包含最终配灯的符号、灯具编号、灯具名称。

灯具控制图是指布灯的回路图，详细绘制了各种灯具串联布线，一般根据灯具的功能作用及开关时间来分回路，以便照明控制系统的选择。

安装节点大样图详细说明了灯具安装的位置和安装方式，方便之后的工程施工（图7-5、图7-6、图7-7）。

图7-5 灯具布置图

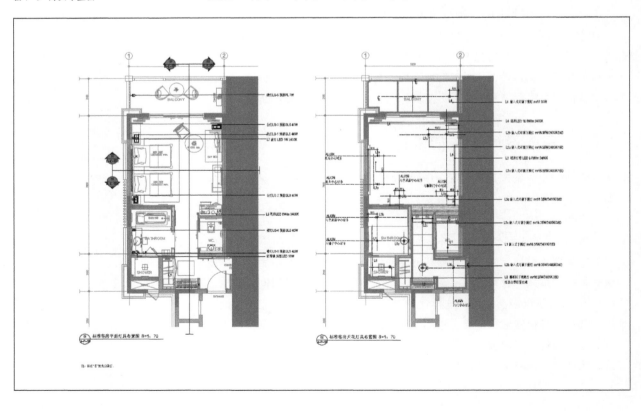

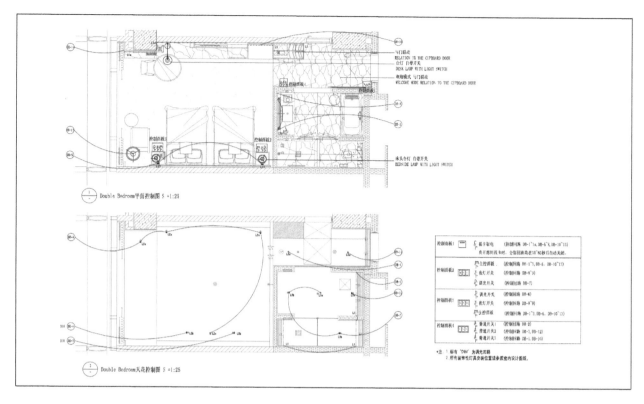

图 7-6　灯具控制图

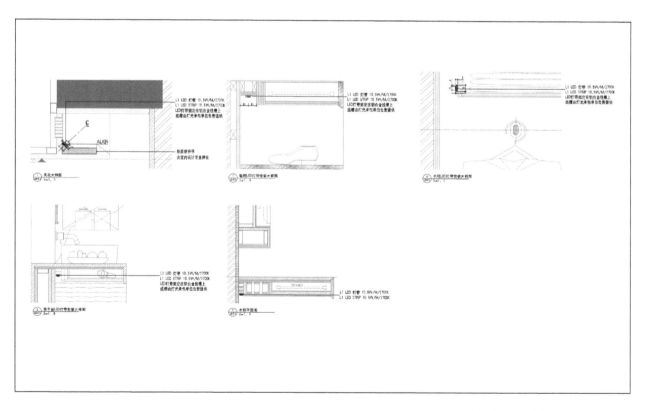

图 7-7　灯具节点大样图

表 7-2 某酒店大堂照明灯具表

7.4.3 制表

根据完成的施工图，需要制作灯具表、灯具控制表、灯具资料表、场景控制图及预算表等项目工程所需要的说明与清单，见表 7-2、表 7-3。

7.5 施工管理

在施工阶段，照明设计师一般要完成这两项工作：确认照明效果、灯具质量检查及竣工后的调光和数据测定。

7.5.1 确认照明效果试验

在建筑施工的同时，为了更好地达到设计的效果，照明设计师要到施工现场做光的试验，在深入设计时也有提到。在画施工图的同时，到现场用已选择的灯具做光的试验，来最终确认和调整的照明设计施工图纸。在去做试验之前尽量做好试验计划，要使相关人员齐心协力，以便于操作。

7.5.2 调光和数据测定

整个照明设计过程中最重要的就是有明确的照明设计理念和最后对光的调整。再好的照明设计理念，如果现场调光没有到位，那之前的设计努力将没有意义。为了防止这种情况，在施工完成之前或正式交付使用之前，要进行灯光调试工作。在调光的过程中，不仅要把一个个光对准设计被照的对象，而且要把前面几章描述的照明设计要素结合起来，检查电路、确定操作时间表等工作都是在这个阶段要完成的。调光结束后，要做最后的验收工作，就是数据测定和记录，与建筑设计就结束后整理施工图纸一样，在完整照明设计也是如此，为了检验设计时设定的照度、亮度、色温等标准，要对设计的空间的各个部位用专业仪器（如照度计、亮度计等）进行测定，并且把测定出来的数据整理成资料，同时对现场竣工进行照片或录像的记录。这些工作除了记录项目的完成之外，也是积累经验、提高设计水平的很有效的方法。

表 7-3 某酒店大堂照明控制表

思考延伸：

1. 整个照明项目的设计流程由哪几步组成？

2. 照明设计的目标有哪些分类？

第 8 章　　室内照明设计模拟案例

本章主要提供一个室内照明设计模拟案例使读者巩固室内照明设计的基础知识。

8.1 设计任务与作业要求

改造方案是能了解照明设计优劣最快速的方法，通过改造前后的对比，充分理解设计的目的和设计的过程。本案例选择了学校的公共图书馆来进行分析及改造。

8.1.1 资料背景

大学图书馆是一个学校的核心，是学生在大学出入频率最高的场所之一，它是一个综合性的学习场所。图书馆的光环境是一件极其复杂的事情，它需要几种完全不同的要求。图书馆的功能空间包括图书馆大厅、多媒体阅览室、开架书库、书刊阅览室、培训教室、自修教室等。所以，图书馆呈现了各种室内照明的方式，是学生了解照明设计的最佳改造基地之一。本案例的大学图书馆建于 20 世纪 50 年代，图书馆内的装修已比较陈旧，所以对其室内照明的改造范围比较大，室内照明是重点，与室内功能、家具陈设要相协调，要从前几章照明设计分析的专业角度去设计改造。

8.1.2 照明设计作业要求

照明设计作业过程分为三个阶段：实地调研分析，室内照明设计，照明计算与设计成果。

照明设计作业安排如下。

① 第一周：进行实地调研。

② 第二周：调研分析报告，小组讨论，确立设计目标和设计理念。

③ 第三周：深入设计，照度计算或制作实物模型。

④ 第四周：汇报成果与总结。

作业内容：

① 设计说明（设计目标、设计理念）。

② 改造方案（照明布局、照明色彩、照明方式、灯具选型）。

③ 照明计算（使用 DIALux 或是 AGI32 计算工作面及垂直面照度及地面水平照度，其他根据每个空间具体设计内容进行计算）。

① 灯具布置图（平、立、剖面，根据改造方案及照度计算来定）。

② 室内照明设计效果图（电脑效果图、手绘或实物模型）。

③ PPT 汇报。

④ 成果展示（A1 展板）。

8.2 实地调研分析

地点：华东师范大学图书馆（中山北路校区）

华东师范大学的图书馆位于校区的中心位置，为了全面且深入地了解图书馆光环境的使用情况，进行了现场调研和问卷调查。从调研和问卷的结果来看，可以总结为以下几点。

（1）布局上

华师大的图书馆从平面上来看（图 8-1，出自华师大图书馆官网 http://www.lib.ecnu.edu.cn），它有两个中庭（绿色部分），由于一个中庭是四层楼，日光在这个空间中产生了阴阳面。对室内的学习者来说会造成视觉差，室内外的对比度大，眩光严重。并且整个图书馆布局的流动性，动线和静线很混乱，日光也不能很好地为穿行其中的读者提供舒适的光环境。

（2）空间上

由于空间照明暗淡，没有重点，中庭和室内的空间没有活动，只是一块四方平地，特别是入口大厅，灰暗的照明，而且两层楼的挑空大厅更显压抑。

图 8-1　华师大图书馆原始一楼平面图

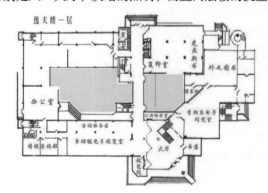

（3）氛围上

整个图书馆光环境氛围较差，从自然采光的角度来说，没有很好地在空间中利用自然光，实现自然采光和人工光的互补，以达到平衡状态。长时间待在一个照明有缺陷的空间中是会产生不良情绪的，比如紧张、疲劳、头晕眼花、焦躁、想睡觉等，当然从客观上来说，不是只有照明的原因会产生这样的情绪，但产生这样的情绪，光环境是极其重要的一个因素。从问卷调查中可以看出对三楼阅览室的照明，大家都不是很满意。

设计目标：通过调研分析，使设计的目标相当的明确，就是要利用光环境设计出一个能使读者在图书馆中愉快阅读、提高学习效率和可持续发展的环境。

图 8-2　华师大图书馆原始一楼大厅
图 8-3　华师大图书馆原始一楼电子阅览室
图 8-4　华师大图书馆原始三楼预览室

8.3 设计成果展示与总结

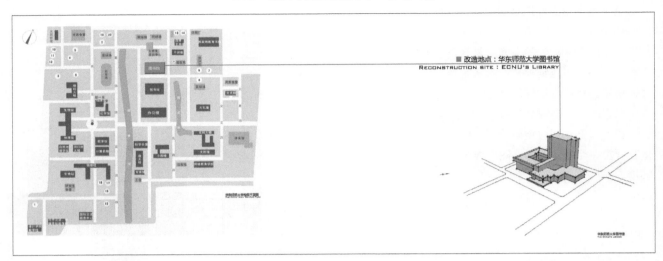

■ 改造地点：华东师范大学图书馆
RECONSTRUCTION SITE：ECNU's LIBRARY

华东师范大学图书馆
THE ECNU's LIBRARY

■ 改造目的 PURPOSE OF THE REFORM

在经济快速发展的今天，学习是人类的未来，特别是祖国未来的接班人，他们的学习状况是社会一直所关心的问题。人们认为学生的成绩不佳、行为呈现出疲意状态，这些都归罪校方或者是家庭教育问题。

光环境被认为是学习环境因素中最重要的一部分。无论是生活还是学习的环境，好的光环境都能给人们带来愉悦快乐的感受。科学的光环境设计有益于人体健康，使人的心情放松、减轻视觉疲劳、情绪稳定，而不科学的光环境设计往往会使人心情烦躁、不安，甚至严重的可导致近视、记忆力衰退，会给生活、学习带来影响。所以改造图书馆的目的就是通过对学习空间的光环境的改造方案来探讨光环境对学习效率的影响。

In today's rapid economic development, learning is the future of humanity, in particular the future successor of the motherland, their learning has been the concern of the whole of society. People think poor student achievement, behavior, showing a tired State, these incrimination school or family problems. Light environment are considered part of the most important learning environment factors. Both live and in the learning environment, good light environment has given rise to a pleasant feeling of happiness. Light environment design of science good for human health, so that people in a relaxed mood, reduce visual fatigue, emotional stability, not light environment design of science tend to lead to irritability, restlessness, or even serious may lead to myopia, memory loss, will bring to life, learning impact. Transformation of library's purpose is through the study on spatial reconstruction scheme of light to light environmental effects on the efficiency of learning.

THE ECNU's LIBRARY

■ 图书馆光环境需求分析
THE LIBRARY'S LIGHT ENVIRONMENT ANALYSIS OF THE DEMAND

为了全面且深入的了解本校的图书馆光环境的使用情况，进行了现场调研和问卷调查，以下是分析的结果。

此项问卷于2011年3月15日至25日在华东师范大学图书馆进行的，调研对象总量为100份（针对对该图书馆的照明问题的进行的调查）。以下是调研的一些结果分析。

FOR THE COMPREHENSIVE AND IN·DEPTH UNDERSTANDING OF OUR SCHOOL LIBRARY USE OF LIGHT ENVIRONMENT, SO I CONDUCTED ON-SITE INVESTIGATION AND SURVEY, AND FOLLOWING IS THE RESULT OF THE ANALYSIS. THE SURVEY CONDUCTED FROM 2011 TO 25th AT THE EAST CHINA NORMAL UNIVERSITY LIBRARIESFOR LIGHTING SURVEY OF THE PROBLEMS IN THE LIBRARY, RESEARCH OBJECT OF TOTAL IS 100.THE FOLLOWING ARE SOME OF THE RESULTS OF A SURVEY.

■ 调研结果分析
ANALYSIS OF SURVEY RESULTS

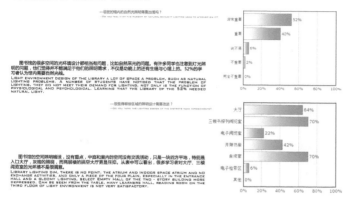

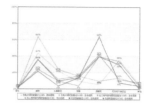

图书馆的很多空间的光环境设计都相当有问题，比如自然采光的问题。有许多同学也注意到灯光照明的问题，他们觉得并不能满足于他们的照明需求，不仅是功能上的还有生理与心理上的，52%的学习者认为情内需要自然光线。
LIGHT ENVIRONMENT DESIGN OF THE LIBRARY A LOT OF SPACE A PROBLEM, SUCH AS NATURAL LIGHTING PROBLEMS. A NUMBER OF STUDENTS HAVE NOTICED THAT THE PROBLEM OF LIGHTING, THEY DO NOT MEET THEIR DEMAND FOR LIGHTING, NOT ONLY IS THE FUNCTION OF PHYSIOLOGICAL AND PSYCHOLOGICAL. LEARNING THAT THE LIBRARY OF THE 52% NEEDED NATURAL LIGHT.

图书馆的空间照明暗淡，没有重点，中庭和室内前空间没有交流活动，只是一块四方平地，特别是入口大厅，灰暗的照明，而两层楼的挑空大厅更显压抑。从表中可以看出，很多学习者对大厅、三楼阅览室的光环境不是很满意。
LIBRARY LIGHTING DIM, THERE IS NO POINT, THE ATRIUM AND INDOOR SPACE ATRIUM AND NO EXCHANGE ACTIVITIES, AND ONLY A PIECE OF THE FOUR PLAIN, ESPECIALLY IN THE ENTRANCE HALL AND A GLOOMY LIGHTING, SELECT EMPTY HALL OF THE TWO - STORY BUILDING MORE DEPRESSED, CAN BE SEEN FROM THE TABLE, MANY LEARNERS HALL, READING ROOM ON THE THIRD FLOOR OF LIGHT ENVIRONMENT IS NOT VERY SATISFACTORY.

整个图书馆的氛围其本没有氛围，从自然采光的角度来装，没有好的在空间中利用自然光，实现自然采光和人工光的互补，以达到平衡状态。
从右表中得出，长时间呆在一个照明有缺陷的空间中是会产生不良情绪的，比如紧张、疲劳、头晕眼花、焦躁、想睡觉等。当然从客观上来说，不是只有照明的原因会产生这样的情绪，但从之前文章中提到的对人们的生理、心理、以及行为的影响的分析，产生这样的情绪，光环境是极其重要的一个因素。
THE WHOLE ATMOSPHERE OF LIBRARY WITHOUT ATMOSPHERE, FROM THE POINT OF VIEW OF NATURAL LIGHTING, NOT VERY GOOD IN SPACE UTILIZATION OF NATURAL LIGHT AND IMPLEMENTATION OF NATURAL LIGHTING AND ARTIFICIAL LIGHT COMPLEMENTARY, SO AS TO ACHIEVE A BALANCED STATE. DRAWN FROM THE RIGHT TABLE, LONG STAY IN A LIGHTING DEFECTIVE SPACE WILL PRODUCE BAD MOOD, SUCH AS TENSION, FATIGUE, DIZZINESS, ANXIETY, WANT TO GO TO BED, OF COURSE, FROM AN OBJECTIVE POINT OF VIEW, THIS WILL NOT ONLY CAUSE OF LIGHTING EMOTIONS, BUT IN THE LIGHT OF THE PREVIOUSLY MENTIONED IN THE ARTICLE ON PEOPLE'S PHYSICAL, PSYCHOLOGICAL AND BEHAVIOR ANALYSIS OF THE INFLUENCE, SUCH SENTIMENTS AND LIGHT ENVIRONMENT IS A VERY IMPORTANT FACTOR.

■ 图书馆日光分析
THE LIBRARY'S DAYLIGHT ANALYSIS

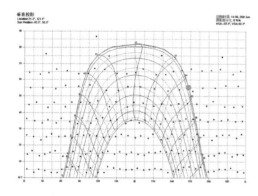

图书馆的采光是非常重要的，图书馆的光环境能够影响读者的情绪体验，引发读者的空间行为。舒适的光环境不但从生理上影响人的视觉，而且还直接和间接地通过影响环境的氛，创造环境的舒适程度，影响到人的情绪。例如，在图书馆，读者通常喜欢坐靠紧窗的位置就坐，这是因为光照不但能够影响读者的质量，也影响读者的心理。通过使用软件"Ecotect"，很容易来模拟一天中日光在建筑上的变化。使用"Dialux"照明设计软件可以简单的模拟出室内环境的照明环境的实际状况，清晰的看出空间中光环境的优劣。

LIBRARY LIGHTING IS VERY IMPORTANT, EMOTIONAL EXPERIENCE OF LIGHT ENVIRONMENT EFFECT OF LIBRARY READERS, RAISED THE SPACE BEHAVIOR OF READERS. COMFORTABLE ENVIRONMENT, NOT ONLY FROM THE PHYSIOLOGICAL EFFECTS OF HUMAN VISION, BUT ALSO DIRECTLY AND INDIRECTLY THROUGH STRUGGLE OF THE EFFECT OF ENVIRONMENT, CREATE AN ENVIRONMENT OF COMFORT, AFFECT THE MOOD OF THE PEOPLE. FOR EXAMPLE, IN THE LIBRARY, READERS OFTEN SIT TIGHT LIKE TO SIT BY THE WINDOW LOCATION BECAUSE OF LIGHT WILL NOT ONLY AFFECT THE QUALITY OF READER AND AFFECTED PSYCHOLOGY OF READERS. BY USING SOFTWARE " ECOTECT " EASILY IN SIMULATED DAY SUNLIGHT ON CONSTRUCTION CHANGE.USING ' DIALUX ' LIGHTING DESIGN SOFTWARE CAN EASILY SIMULATION OF THE ACTUAL SITUATION OF INDOOR ENVIRONMENT ILLUMINATION ENVIRONMENT, CLEAR SEE THE ADVANTAGES AND DISADVANTAGES OF SPACE ENVIRONMENT.

■ 图书馆日光分析
THE LIBRARY'S DAYLIGHT ANALYSIS

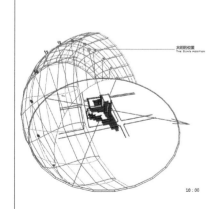

10 : 00

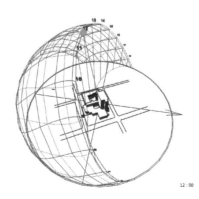

12 : 00

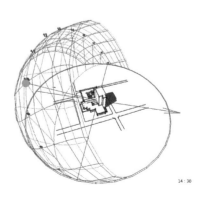

14 : 30

■ 图书馆日光分析
THE LIBRARY'S DAYLIGHT ANALYSIS

以下空间为图书馆中庭旁边的教室，通过软件 "Dialux" 的伪色表现图可以看出，早晚的日光变化很大。由于中庭的层高问题，中庭内侧日光照度不充足，所以之后对图书馆的平面进行了调整。
THIS ROOM IS A CLASSROOM NEXT TO THEIN ATRIUM IN THE LIBRARY. THROUGH SOFTWARE " DIALUX " PSEUDO - COLOR MAP WE CAN SEE THAT THE MORNING SUNLIGHT GREATLY CHANGED. DUE TO THE HIGH PROBLEMS OF ATRIUM, THE ATRIUM INSIDE ILLUMINATION INADEQUATE, SO AFTER ADJUSTMENT TO THE LIBRARY PLANE.

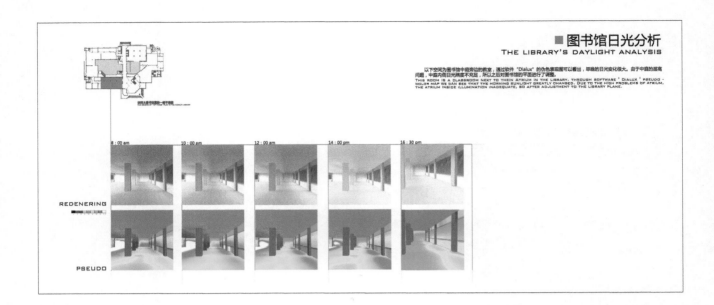

■ 图书馆光环境方案
THE LIBRARY'S LIGHT ENVIRONMENT OF CONCEPT

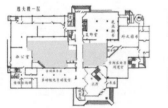  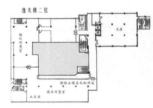

■ 图书馆1~3层原始平面图
LIBRARY 1~3 THE ORIGINAL FLOOR PLAN

在问卷调查中，去过华师大图书馆的同学、老师或是管理人员都觉得图书馆采光设计的问题很多。从平面上来看，它有两个中庭（蓝色色部分），从建筑原本的设计来看，设计师是想充分利用天然采光来增加空间的采光系数。但整个图书馆布局的流动性，动线和静线很混乱，日光也不能很好的为穿行其中的读者提供舒适的光环境。

IN THE SURVEY, OVER EAST CHINA NORMAL UNIVERSITY LIBRARY FOR STUDENTS, TEACHERS OR MANAGERS THINK LIGHTING DESIGN OF MANY OF THE LIBRARY. FROM A GRAPHIC POINT OF VIEW, IT HAS TWO ATRIUM (PART OF THE BLUE), JUDGING FROM THE BUILDING'S ORIGINAL DESIGNERS WANT TO TAKE FULL ADVANTAGE OF NATURAL LIGHTING TO DAYLIGHT FACTOR OF INCREASED SPACE. BUT THE LIQUIDITY OF THE ENTIRE LIBRARY LAYOUT, DYNAMIC AND STATIC LINE VERY CONFUSED, SOLAR - FOOD STORES ARE ALSO NOT VERY GOOD FOR THE READERS PROVIDE COMFORTABLE LIGHTING ENVIRONMENT.

■ 图书馆光环境方案
THE LIBRARY'S LIGHT ENVIRONMENT OF CONCEPT

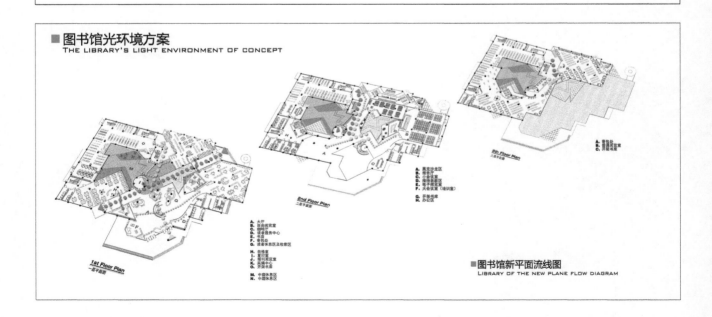

■ 图书馆新平面流线图
LIBRARY OF THE NEW PLANE FLOW DIAGRAM

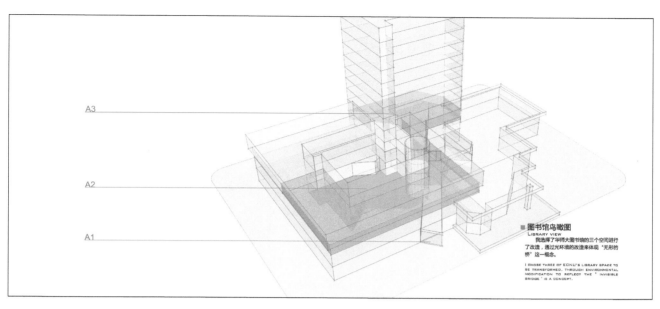

图书馆鸟瞰图
LIBRARY VIEW
我选择了华师大图书馆的三个空间进行了改造，通过光环境的改造来体现"无形的桥"这一概念。

I CHOSE THREE OF ECNU'S LIBRARY SPACE TO BE TRANSFORMED, THROUGH ENVIRONMENTAL MODIFICATION TO REFLECT THE "INVISIBLE BRIDGE" IS A CONCEPT.

A1 　图书馆一楼南北向入口走廊
LIBRARY SOUTH - NORTH ENTRANCE ON THE FIRST FLOOR CORRIDOR

学习者与信息的交流
LEARNERS COMMUNICATION WITH INFORMATION

A2 　图书馆中庭
LIBRARY ATRIUM

学习者与大自然的互动
LEARNER INTERACTION WITH NATURE

A3 　图书馆三楼阅览室
THE THIRD FLOOR OF THE LIBRARY READING ROOM

学习者与知识的沟通
LEARNERS COMMUNICATION WITH KNOWLEDGE

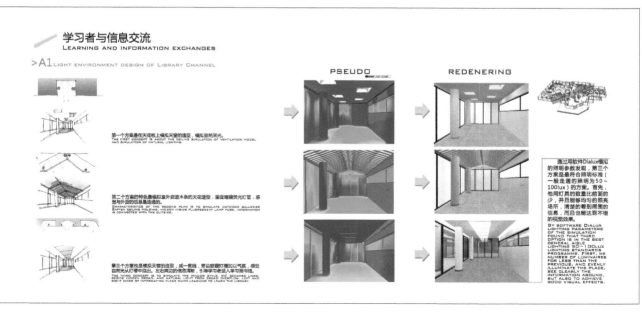

学习者与信息交流
LEARNING AND INFORMATION EXCHANGES

>A1 LIGHT ENVIRONMENT DESIGN OF LIBRARY CHANNEL

PSEUDO　　　REDENERING

学习者与自然交流
LEARNER AND NATURAL EXCHANGES

>A2 ATRIUM LIGHT ENVIRONMENT DESIGN OF THE LIBRARY

图书馆中庭现场照片
THE LIBRARY ATRIUM SITE PHOTOS

学习者与自然交流
LEARNER AND NATURAL EXCHANGES

>A2 ATRIUM LIGHT ENVIRONMENT DESIGN OF THE LIBRARY

■ 中庭设计概念
ATRIUM DESIGN CONCEPTS

为了让图书馆中的学习者在学习之余能够放松心情，并且能够通过光使学习者与大自然得到互动，所以在中庭做了一艺术装置，名为"光之舞"。它的形态如生长的植物一般，充满着旺盛的生命力，在地面上舞动。当然它并不只是放在那座装饰的，学习者可以通过翻动它，变换不同的造型，以此来改变自然光线的阴影，并且可以在它的阴影下歇息。交流。

IN ORDER TO THE LEARNER IN THE LIBRARY IN ADDITION TO LEARNING TO RELAX, AND TO LIGHT TO ENABLE LEARNERS TO SE INTERACTION WITH NATURE, SO IN THE ATRIUM DOES AN ARTISTIC DEVICE, KNOWN AS " DANCE OF LIGHT ". IT FORMS SUCH AS THE GROWTH OF PLANTS IN GENERAL, FULL OF EXUBERANT VITALITY, DANDING ON THE GROUND. OF COURSE IT IS NOT JUST IN THE DECORATION, LEARNERS CAN FLIP IT, TRANSFORM A DIFFERENT SHAPE, THEREBY CHANGING NATURAL LIGHT SHADOWS, AND YOU CAN IN THE SHADOW OF THE REST OF IT.

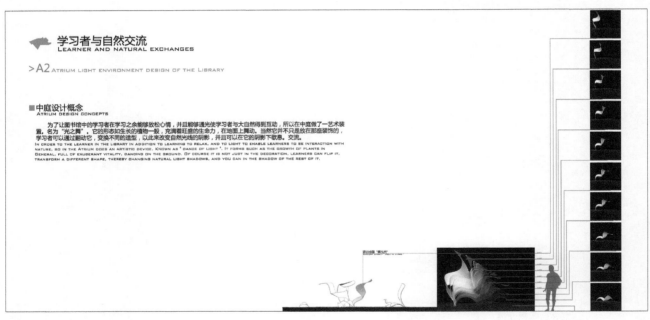

学习者与自然交流
LEARNER AND NATURAL EXCHANGES

>A2 ATRIUM LIGHT ENVIRONMENT DESIGN OF THE LIBRARY

■ 光源分析
ANALYSIS ON LIGHT SOURCE

中庭运用了三种照明方式，白天是通过日光以及日光在墙面的反射，夜晚是通过艺术装置自身的led灯带以及建筑室内的人工照明引出的补光。

ATRIUM WAS USED THREE ILLUMINATION MODES, THROUGH SUNLIGHT DURING THE DAY AND THE REFLECTION OF SUNLIGHT IN THE WALLS, THE EVENING WAS BROUGHT UP BY LED LAMP ART DEVICE ITSELF AS WELL AS INDOOR ARTIFICIAL LIGHTING LEADS TO FILL.

日光 DAYLIGHT

人工光 ARTIFICIAL LIGHT

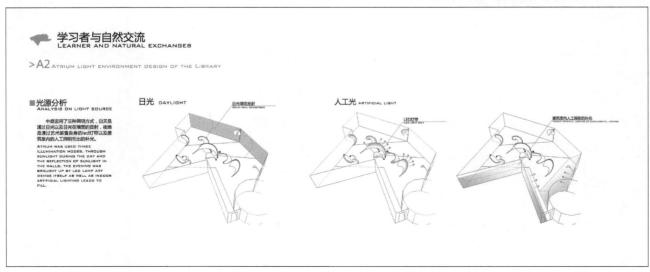

学习者与自然交流
LEARNER AND NATURAL EXCHANGES

>A2 ATRIUM LIGHT ENVIRONMENT DESIGN OF THE LIBRARY

■ 细节分析
DETAIL ANALYSIS

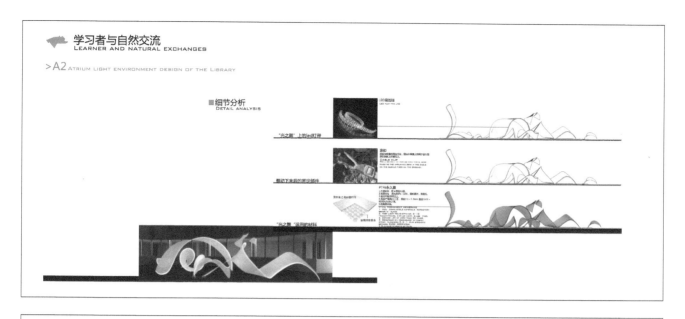

■ 效果图
RRENDERING

■ 效果图
RRENDERING

学习者与智慧交流
LEARNER AND INTELLIGENCE EXCHANGE

>A3 LIBRARY'S READING ROOM LIGHT ENVIRONMENT DESIGN

■ 三楼阅览室现状分析
ANALYSIS ON THE READING ROOM ON THE THIRD FLOOR

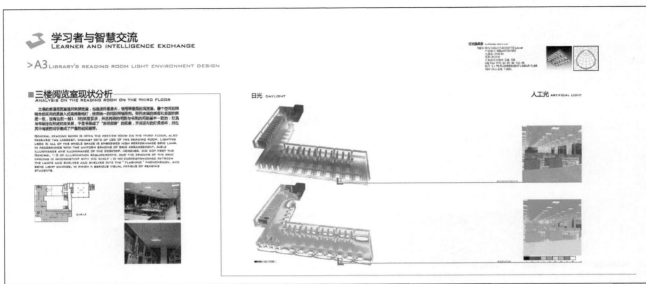

日光 DAYLIGHT

人工光 ARTIFICIAL LIGHT

学习者与智慧交流
LEARNER AND INTELLIGENCE EXCHANGE

>A3 LIBRARY'S READING ROOM LIGHT ENVIRONMENT DESIGN

■ 三楼阅览室改造方案
RECONSTRUCTION CONCEPT OF READING ROOM ON THE THIRD FLOOR

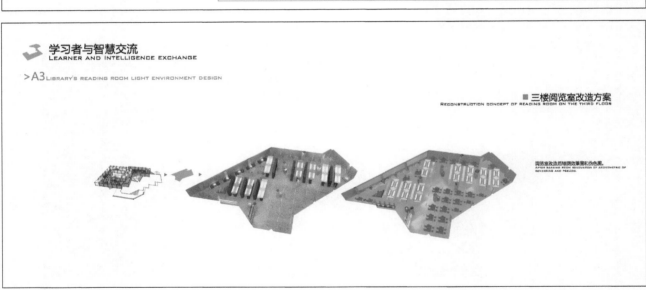

学习者与智慧交流
LEARNER AND INTELLIGENCE EXCHANGE

>A3 LIBRARY'S READING ROOM LIGHT ENVIRONMENT DESIGN

■ 三楼阅览室改造方案
RECONSTRUCTION CONCEPT OF READING ROOM ON THE THIRD FLOOR

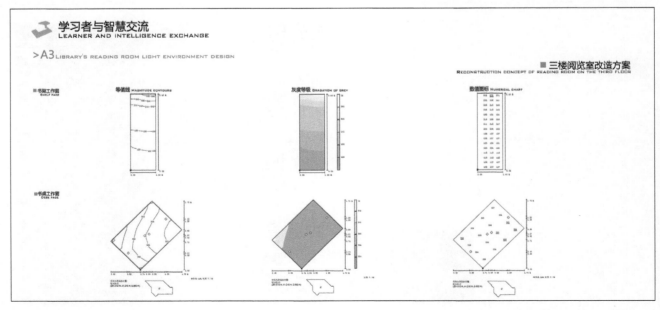

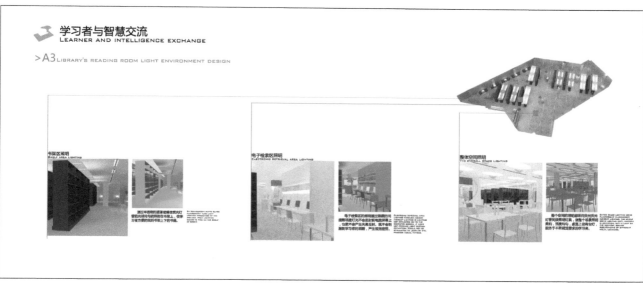

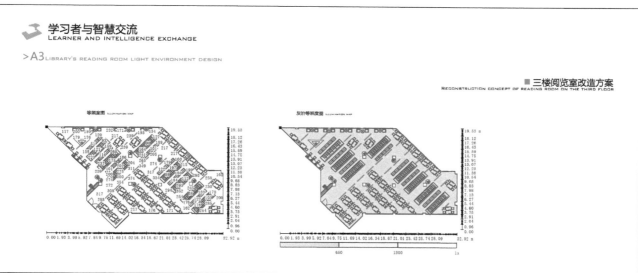

思考延伸：

1.参考本书案例，依照作业要求设计一个室内空间，加深理解和学习室内照明设计的内容与过程。

参考文献

[1] 面出薰.都市与建筑的照明.大连：大连理工大学出版社，2013.

[2] 郝洛西.城市照明设计.沈阳：辽宁科技出版社，2005.

[3] [美]盖里·斯蒂芬 (Gary Steffy).建筑照明设计（原书第 2 版）.荣浩磊，李丽，杜江涛译.北京：机械工业出版社，2009.

[4] 周浩明.可持续室内环境设计理论.北京：中国建筑工业出版社，2011.

[5] 韩鹏.城市照明设施色彩设计.北京：中国林业出版社，2012.

[6] 郝洛西.光 + 设计照明教育的实践与发现.北京：机械工业出版社，2008.

[7] [日]中岛龙兴，近田玲子，面出薰.照明设计入门.马俊译.北京：中国建筑工业出版社，2005.

[8] 飞利浦照明.室内空间照明设计灵感手册.北京：中国轻工业出版社，2007.

[9] 李铁楠.景观照明创意和设计.北京：机械工业出版社，2005.

[10] 刘虹.绿色照明概论.北京：中国电力出版社，2009.

[11] NIPPO 电机株式会社.间接照明.许东亮译.北京：中国建筑工业出版社，2004.

[12] 房海明.LED 照明设计与案例精选.北京：北京航空航天大学出版社，2012.

[13] 张九根.智能照明控制系统.南京：东南大学出版社，2009.

[14] 诺伯特·莱希纳.建筑师技术设计指南：采暖·降温·照明（原著第 2 版）.张利，周玉鹏，汤羽扬，李德英，余知衡译.北京：中国建筑工业出版社，2004.

[15] 朱小清.照明技术手册.北京：机械工业出版社，2003.

[16] Mark Karlen,James R. Benya,Christina Spangler. Lighting Design Basics(2nd Revised edition). New York：John Wiley & Sons Ltd, 2012.

[17] Norbert Lechner Heating. Cooling, Lighting: Sustainable Design Methods for Architects. New York：Wiley, 2008.